NCS 적용 교육!!

피부미용

고객상담

메디시인

머리말

국내 기술교육 수준의 표준화인 국가직무능력표준(NCS)은 대학교육과 산업현장의 상호 연계성에 대한 중요성을 강조합니다. 지난 사회에서 대학 졸업장이 취업을 보장해주는 수단이었다면, 현대 사회는 취업 과정에서, 스펙보다는 실제 업무현장에서 활용능력이 강조되는 시대입니다. 실제로 현재 대학교육도 많은 부분 산업현장 중심으로 전환되고 있으며, 취업과 동시에 업무에 투입될 수 있는 실전 인력을 양성하는 것을 목표로 하고 있습니다.

이 책은 현장 실무형 인재 양성을 위한 NCS와 글로벌 에스테틱 기업 '약손명가'의 노하우가 접목된 실무서적입니다. 약손명가 현장의 교육시스템 및 피부관리 노하우를 담기 위하여 전국의 저명한 피부미용 관련학과 교수 및 약손명가의 원장들을 대표하여 17인의 원장·교수들이 협력, 집필에 참여하였습니다.

첫 장부터 마지막 장까지 약손명가의 실제 교육 시스템과 피부관리 노하우를 공개하고 대학에서의 연구·교육 프로그램이 더해졌습니다. 지난 36년간 쌓아온 약손명가만의 노하우를 공유하는 이유는 전국의 피부미용을 공부하는 학생들이 학교교육과 기업 현장에서 괴리감없이 행복하게 본인의 꿈을 펼쳐나가길 바라는 마음에서입니다. 나아가 대한민국 피부미용 업계가 더욱 발전하길 바라는 마음을 담았습니다.

이 책을 통해 피부미용 산업 맞춤형 인력 양성의 교육이 발전하기를 기대하며, 현장에서는 피부미용 인재들의 창의력개발 및 경로 지침서로 활용될 수 있기를 바랍니다.

을미년 가을에

대표저자 ㈜ 약손명가 대표 이병철

차례

머리말 / 3

NCS 적용교육!!

피부미용 고객상담

학습 1 방문동기 파악하기

1. 고객의 이해 및 특성 10

1. 고객의 정의 / 10
2. 고객의 분류 / 11
3. 고객 세분화 / 14
4. 고객욕구의 변화 / 14
5. 고객의 특징 및 행동 / 15

2. 고객 상담 20

1. 상담의 정의 / 20
2. 고객의 기본 심리와 서비스 자세 / 21
3. 효과적인 상담방법 / 24
4. 첫인상과 이미지 / 27

3. 고객만족관리 31

1. 고객의 욕구 / 31
2. 고객만족의 개념 및 원칙 / 32
3. 고객별 응대 요령 / 33
4. 고객만족 서비스 지침 / 37

5. 고객만족 응대 요령 / 40
6. 불만고객의 반응 및 대처방안 / 43
7. 고객관계 관리 / 47

4. 피부 문제와 관리 목적 ········· 48
1. 유·수분에 따른 피부 유형 / 48
2. 문제성 피부 / 54

■ **학습요약** / 66

학습 2 고객관리차트 작성하기

1. 고객상담의 목적과 필요성 ········· 72

2. 고객상담의 방법 ········· 73
1. 대화로 파악하기(문진) / 73
2. 눈으로 관찰하기(견진) / 75
3. 만져서 관찰하기(촉진) / 76
4. 기기로 분석하기 / 76

3. 고객관리차트 작성하기 ········· 78

■ **학습요약** / 86

학습 3 고객응대하기

1. 미용서비스인의 기본자세 ·· 88

1. 직장이란? / 88
2. 직장생활의 5대 원칙 / 89
3. 직장인의 마음가짐 / 90
4. 직장에서의 올바른 인간관계 / 91
5. 미용서비스인의 직장생활 예절 / 96

2. 미용서비스인의 피부관리를 위한 준비 ····················· 100

1. 피부미용사의 준비 / 100
2. 피부미용실 환경 준비 / 103
3. 피부관리를 위한 준비 / 110

3. 미용서비스인의 기본 예절 ··115

1. 고객 맞이 / 115
2. 인사 예절 / 124
3. 자세 예절 / 130
4. 안내 예절 / 135
5. 소개 예절 / 139
6. 악수 예절 / 142
7. 명함 예절 / 143
8. 전화 예절 / 146
9. 조문 예절 / 152
10. 경어법과 호칭 / 155

■ **학습요약** / 156

학습 4 고객정보 처리하기

1. 고객상담에 따른 내용분류 ······161

1. 상담내용에 따른 분류 / 161
2. 상담과정에 따른 분류 / 162

2. 고객정보 자료 수집 ······166

1. 고객에게 필요한 자료 수집 / 166
2. 고객과 관련된 정보 수집 / 166
3. 고객정보 처리의 목적 / 167
4. 고객정보 처리의 활용 / 167

- **학습요약** / 180
- **평가활용자료** / 182

- **찾아보기** / 210
- **참고문헌** / 212

고객상담

학습 1 방문동기 파악하기

1201010201_14v2.1

학습 2 고객관리차트 작성하기

1201010201_14v2.2

학습 3 고객응대하기

1201010201_14v2.3

학습 4 고객정보 처리하기

1201010201_14v2.2

학습 1

방문동기 파악하기

1201010201_14v2.1

학습목표

- 고객이 관리실을 선택하여 방문한 동기를 파악할 수 있다.
- 고객이 상담에 응할 수 있도록 편안한 분위기를 조성할 수 있다.
- 고객이 가지고 있는 피부 문제 및 관리 목적을 파악할 수 있다.
- 고객과 상담자가 생각하는 피부문제가 다를 경우 그 차이를 설명할 수 있다.

1. 고객의 이해 및 특성

1. 고객의 정의

① 고객(顧客)은 한자의 의미로 볼 때 '돌아볼 고(顧), 손 객(客)' 으로, 피부미용실의 입장에서 볼 때 '다시 방문하여 서비스를 받기 원하는 사람'을 지칭한다.

② 고객의 일반적인 정의는 상품과 서비스를 제공받는 사람들로 피부미용실의 상품을 습관적으로 구매하는 소비자로, 피부미용실과 직·간접적으로 거래하는 관계 및 상호작용하는 모든 사람들을 지칭한다. 고객에 대한 중요성은 다음과 같다.

(1) 고객은 최고의 재산이다.

피부미용실을 운영하는 목적은 영리를 취하고자 하는 것이며, 이것은 고객을 통하여 이루어진다.

(2) 고객은 나의 사업 파트너이며 투자가이다.

단순한 고객이 아닌 투자자로서 피부미용실의 경영파트너이다.

(3) 고객은 가치 지향적이며 항상 변한다.

고객의 생활에 가치를 부여하여야 하며 이런 가치는 세대의 변화처럼 항상 변하고 있다.

(4) 고객은 감성적이다.

개인화, 소프트화, 문화지향화, 여성화, 다양화 등 하나의 감성이 아닌 복합적인 감성을 가지고 있다.

(5) 고객은 소비의 모습으로 존재한다.

인간생활은 소비이며, 소비가 고객을 낳는다.

2. 고객의 분류

① 과거에는 고객을 단순히 제품이나 서비스를 소비하는 사람 정도로 인식했다.
② 현재는 고객 중에서도 적극적이고 주도적인 성향을 가진 고객의 증가로 특별한 서비스를 요구하고 있다.
③ 구매행위를 유발하는 적극적인 참여 도구들(스마트폰 메신저, SNS 등)의 사용이 활발해지면서 고객관리의 중요성과 서비스의 질적 개선을 위해 고객에 대한 이해와 분류가 필요하게 되었다.

(1) 관계 진화과정에 따른 분류

① **잠재고객** : 피부미용실의 서비스를 구매하지 않은 사람들 중에서 향후 고객이 될 수 있는 잠재력을 가진 집단이나 아직 피부미용실에 관심이 없는 고객

② **가망고객** : 피부미용실에 관심을 보이는 신규고객이 될 가능성이 있는 고객

③ **신규고객** : 처음 거래를 시작하는 고객

④ **기존고객** : 2회 이상 서비스 또는 구매를 한 고객으로 안정화 단계에 들어간 고객

⑤ **충성고객** : 상품이나 서비스를 반복적으로 구매하고 피부미용실과 강한 유대관계를 형성하는 고객

(2) 현대 마케팅 측면에서의 고객

① **고객** : 상품, 서비스를 최종적으로 사용하는 사람

② **구매자** : 상품이나 서비스를 사는 사람

③ **구매 승인자** : 구매를 허락하고 승인하는 사람

④ **구매 영향자** : 구매의사결정에 직·간접적으로 영향을 미치는 사람

(3) 프로세스적 측면에서의 고객

① **외부고객** : 최종서비스의 구매자, 고객

② **중간고객** : 도매상, 소매상

③ **내부고객** : 동료, 상사 등 피부미용실 내 직원

(4) 우호도 측면에서의 고객

① **우호형** : 이미 오래 전부터 서비스를 받았던 결과로 협력적이고 우호적인 고객

② **반대형** : 서비스 직원에 대하여 비판적이고 무관심하거나 부정적인 고객

③ **중립형** : 특별한 의견은 없으나, 상황이나 필요에 따라 의견을 다르게 표현하는 고객

(5) 참여관점에서의 고객

① **직접고객** : 서비스나 서비스를 구입하는 사람

② **간접고객** : 최종 고객 또는 2차 고객

③ **내부고객** : 피부미용실 내의 직원 및 주주

④ **의사결정고객** : 직접고객의 선택에 큰 영향을 미치는 개인 또는 집단

⑤ **의견선도고객** : 서비스의 평판, 심사, 모니터링 등에 참여하여 의사결정에 영향을 주는 사람

⑥ **경쟁자** : 전략이나 고객관리 등에 중요한 인식을 심어주는 고객

⑦ **단골고객** : 피부미용실의 서비스는 지속적으로 애용하지만 추천 할 정도의 충성도가 있지 않는 고객

⑧ **옹호고객** : 단골고객이면서 고객을 추천할 정도의 충성도가 있는 고객

⑨ **한계고객** : 피부미용실의 이익 실현에 방해가 되는 고객으로 해약유도를 통해 고객의 활동이나 가치를 중지시키는 고객

⑩ **체리피커** : 씨가 있는 포도 대신 체리만 골라 먹는다고 해서 붙여진 별명으로 피부미용실의 상품이나 서비스를 구매하지 않으면서 자신의 실속에만 관심을 두고 있는 고객으로 피부미용실의 서비스나 유통체계의 취약점을 이용하여 잠시 동안 사용하기 위해 상품이나 서비스를 구매했다가 반품하는 고객

3. 고객 세분화

현재 마케팅은 과거처럼 불특정 다수를 대상으로 한 매스마케팅으로는 한계가 있기 때문에 효과적인 마케팅을 위하여 고객 개인의 취향에 대한 세분화가 먼저 이뤄져야 한다.

(1) 고객 취향에 대한 세분화의 필요성

① 보유한 고객의 자원이 무한하지 않기 때문에 고객 취향에 대한 세분화가 필요하다.

② 고객집단을 대상으로 마케팅 활동에 필요하다.

③ 소비자의 니즈(Needs)와 욕구가 다양하고 복잡하기 때문에 필요하다.

(2) 고객 세분화 방법

① 모든 고객이 수익에 기여하지 않기 때문에 고객 간의 차이를 분석하고 실제 고객 관리 활동에 반영한다.

② 고객의 가치를 향상시킬 수 있는 추가판매, 교차판매, 고객유지의 3가지 활동에 주로 이용한다.

③ 고객가치 중심의 고객 세분화는 현재가치는 물론 잠재가치까지 포함한다.

4. 고객요구의 변화

① 고객들의 수준이 높아지면서 수동적인 요구에서 능동적인 자기중심적 요구로 변화 되었다.

② 고객 서비스의 만족도 향상을 위하여 요구변화의 트랜드를 이해하고 고객의 요구변화를 숙지해야 한다.

(1) 의식의 고급화

뷰티산업이 양적으로 풍부해지고 소비자 선택의 폭이 확산됨에 따라 고객들은 점점 물적 서비스보다 인적 서비스의 질을 중요하게 생각하고 자신의 가치에 합당한 서비스를 요구한다.

(2) 의식의 복잡화

고객의 유형이 복잡화되어 요구가 많아지게 됨으로써 다양한 고객의 니즈에 맞는 서비스를 해야 한다. 과거에 비해 서비스 수준은 높아지고 있지만 그에 반해 불만도 많아지고 형태도 다양해지고 있다.

(3) 의식의 존중화

고객들은 존중과 인정에 대한 욕구가 많아지면서 최상의 서비스를 요구한다.

(4) 의식의 대등화

경제 성장과 물질적 풍족으로 서로 대등한 관계를 형성하려는 상황에서 많은 갈등이 발생한다.

(5) 의식의 개인화

본인만이 특별한 고객으로 대우받고 싶어하며 특별한 고객이라고 생각하는 경향이 높아지고 있다.

5. 고객의 특징 및 행동

고객의 요구 변화를 인지하고 질적인 서비스 향상을 도모하여 매출의 극대화를 이루기 위해 고객의 행동에 대한 이해가 필요하다.

(1) 고객 구매 유형

① **복합 구매 행동** : 관여도가 높고 사전 구매 경험 없이 최초로 상품을 구매하는 경우

② **충성 구매 행동** : 고관여 고객이 구매한 상품에 만족하고 그 상품에 대해 충성도가 생겨 반복적으로 구매행동을 하게 되는 경우

③ **다양성 추구 행동** : 저관여 고객이 여러 가지 상품을 시도하는 경우

④ **관성적 구매 행동** : 저관여 고객이 습관적으로 동일 상품을 반복적으로 구매하는 경우(관심이 많은 것은 '고관여', 관심이 저조한 것은 '저관여'로 나누어 관리한다.)

(2) 구매행동의 영향 요인

① 사회적 요인

- 직접적/사회적 상호작용 : 주변인이나 피부미용실 직원과의 언어적 상호작용 행위
- 간접적인 상호 작용 : 타인의 관찰

② **물리적 환경** : 상품, 상호, 상점, 실내디자인, 조명, 소음 등

③ **소비 상황** : 고객이 상품을 사용하는 과정상 발생 가능한 상황

④ **구매 상황** : 상품 구매 가능성, 가격 변화, 경쟁 상품의 판매 촉진 등 상품을 구매하게 되는 시점의 상황

⑤ 커뮤니케이션 상황

- 상품 정보에 노출될 때의 주변 상황
- 주변인과의 구전 커뮤니케이션이나 광고, 점포 내 디스플레이 등

(3) 고객의 구매동기

① 개인이 갖고 있는 자신의 욕구를 충족시키기 위해 서비스나 상품을 구매한다.

② 개인 특성 및 심리적 상태, 개인적 요인 등의 영향으로 복합적인 경로를 통해 구체적인 구매 욕구를 자극하여 서비스나 상품을 구매한다.

③ 소비자의 동기 파악에 따라 관심도가 달라진다.

(4) 고객의 구매 전 행동

① 문제인식

갈증이 나면 물을 찾고, 배가 고프면 음식을 먹고 싶듯이 일상생활에서 다양한 형태로 욕구인식을 느끼는 것으로, 외부의 자극에 의해서 인식하는 경우도 있다.

② 정보탐색

- 소비자가 문제 해결을 위해 정보를 알려고 노력한다.
- 자신의 기억에 의존하는 내부 정보탐색과 환경에 의존하는 외부 정보탐색으로 나누어진다.
- 최근에는 정보 기술의 발전으로 어디서나 손쉽게 정보를 탐색할 수 있기 때문에 내부 탐색을 할 수 있음에도 불구하고 외부 탐색을 먼저 하는 추세이다.

③ 대안평가

- 정보탐색을 통해 정보를 수집하고 비교하는 과정을 대안평가라고 한다. 예를 들어 얼굴축소관리를 검색하고 얼굴축소를 잘하는 곳을 검색하여 정보를 수집한다.
- 대안 평가 기준은 가격, 효과, 관리시간 등에 따라 다양해질 수 있다.
- 다양한 평가기준은 소비자의 내적인 구매 목적과 동기, 구매 상황에 따라 달라진다.
- 소비자는 정보탐색의 경험이 많으면 많을수록 평가 과정이 빠르며, 비교평가 과정도 빨라진다.

수행 Tip

소비자 구매의사 결정 과정

- 문제인식 → 정보 탐색 → 대안평가 → 구매 → 구매 후 행동의 과정으로 나눈다.
- 만족도가 높거나 고관여 고객은 구매의사 결정 과정에서 대안평가 단계가 생략되고 구매행동으로 이어진다.

(5) 고객의 구매 후 행동

1) 기대 불일치 이론

① 고객이 느끼는 서비스에 대한 만족과 불만족은 고객이 상품이나 서비스를 경험하기 이전의 기대와 경험에 의해 형성된다.

② 고객은 기대 수준보다 높은 서비스에 만족한다.

③ 중요한 요소에는 기대 수준이 높고, 덜 중요한 요소에는 상대적으로 기대 수준이 낮다.

④ 최초 서비스보다 서비스 실패 후에 동반하는 서비스 회복에 대한 기대가 상대적으로 높게 나타난다.

2) 구매 후 만족 행동

① 재구매 행동 ② 긍정적 구전행동

3) 구매 후 불평 행동

① 무(無) 행동 ② 사적 행동 : 부정적 구전, 재구매 거절 등

③ 공적 행동 : 상품 교환 및 환불 요구, 고발, 법적 조치 등으로 강력하게 표출

4) 구매 후 부조화 행동

구매 후 만족/불만족을 느끼기에 앞서 자신의 선택이 잘한 것인지에 대한 심리적인 불안감

① 구매 후 부조화 발생 상황

- 구매 결정을 취소할 수 없을 때
- 선택에 없는 대안을 갖고 있을 때
- 마음에 드는 대안이 여러 개 있을 때
- 관여도가 높을 때
- 전적으로 고객 자신이 의사를 결정했을 때

② 구매 후 부조화 감소 전략

- 홍보 및 구매촉진 광고
- 거래 후 서신, 안내 책자, 전화 등으로 올바른 선택 확신 부여
- 상품 보증, 고객상담, 친절한 A/S, 불만 관리 등 고객 서비스 강화
- 품질 향상

수행 Tip

고객의 주요특징

① 고객은 쉽게 변한다.

② 고객은 매사에 즉흥적이다

③ 고객은 항상 옆에 있다.

④ 고객은 왕이고 언제나 정당하다.

⑤ 고객은 요구사항이 많고 권리주장이 강하다.

⑥ 고객은 불만을 말하지 않을 때가 더 무섭다.

⑦ 고객은 신속하고 정확한 서비스를 좋아한다.

⑧ 고객은 자신이 지불한 금액에 해당하는 서비스를 제공 받고 싶어 한다.

⑨ 고객은 자신에게만 특별한 대우를 받고 싶어 한다.

⑩ 고객은 첫인상에 매우 민감하다.

2. 고객 상담

1. 상담의 정의

① 서비스 현장에서의 상담은 고객과 상담자가 심리적으로 협조하여 고객 개인의 변화를 초래하는 행위로, 고객의 성장과 변화에 도움이 되는 것을 목표로 한다.

② 고객 방문 목적과 동기, 성격 등 상담에 필요한 정보를 정확하고 신속하게 확보하기 위해 다양한 질문과 응답 패턴을 활용하여 고객의 문제점과 욕구를 드러나게 해야 한다.

③ 고객의 현재 상태에 대한 이해와 배려, 인간적인 유대관계를 바탕으로 해야 한다.

④ 고객의 내면과 외면적인 요구사항을 가능한한 많이 표출하도록 유도해서 해당분야의 전문가적 지식을 통해 정리하여 고객에게 설명하고 납득, 이해시킨다.

(1) 상담을 통한 고객의 입장

① 자신의 요구조건이나 희망사항을 충분히 전달할 수 있다.

② 서비스 제공자의 관리내용에 대해 충분히 이해할 수 있고, 자신에게 적당한 관리에 대한 조언을 받을 수 있다.

③ 관리결과에 대한 예측이 가능하며 안심하고 관리에 임할 수 있다.

(2) 상담을 통한 서비스 제공자의 입장

① 시술자는 시술 전 고객이 무엇을 원하는지 파악할 수 있다.

② 실행 가능한 서비스를 제안 할 수 있다. (불가능한 경우 그 이유를 납득시킨다.)

③ 고객의 클레임을 최소화 할 수 있다.

④ 상담을 통해 매출과 관련된 내용의 접근이 용이하다.

수행 Tip

상담할 때 유의사항

① 고객이 요구하는 스타일을 확인한다.

② 고객의 라이프 스타일을 고려한다.

③ 고객에게 맞는 서비스를 제안한다.

④ 고객에게 올바른 정보를 제시하고 고객이 결정하게 한다.

⑤ 시술에 따른 후유증과 주의사항을 분명히 알린다.

2. 고객의 기본 심리와 서비스 자세

고객의 서비스 구매력을 높이려면 고객의 심리를 정확히 파악하는 것이 중요하다.

(1) 환영기대 심리

① 고객은 언제나 환영받기를 원하는 심리를 가지고 있으며 이러한 심리를 환영기대 심리라고 한다.

② **서비스 자세** – 항상 밝은 미소로 응대해야 하고, 고객은 자신을 왕으로 대접해주는 것보다는 반가워해 주며, 환영받고 싶어하기 때문에 무조건 저

자세로 손님을 응대하는 것보다는 고객을 존중하고 즐거워하는 마음을 가지고 대해야 한다.

(2) 독점 심리

① 고객은 모든 서비스에 대해 독점하고 싶은 심리를 가지고 있으며 이러한 심리를 독점 심리라고 한다.

② **서비스 자세** : 모든 고객에게 공정한 서비스를 제공해야 하며, 특정고객의 독점 심리를 만족시키다 보면 다른 고객의 불만을 야기시킬 수 있으므로 주의하여야 한다.

(3) 우월 심리

① 고객은 서비스 직원보다 우월하다는 심리를 가지고 있으며 이러한 심리를 우월 심리라고 한다

② **서비스 자세** : 서비스 직원은 직업의식을 가지고 고객의 우월심리에 대해 고객의 자존심을 인정하고 자신을 낮추는 겸손한 자세가 필요하다.

(4) 모방 심리

① 고객은 다른 고객을 닮고 싶은 심리를 가지고 있으며 이러한 심리를 모방 심리라고 한다.

② **서비스 자세** : 고객의 조건과 다른 고객의 조건을 비교하여 설명하고 고객이 결정할 수 있도록 정보를 제공해야 한다.

(5) 보상 심리

① 고객은 비용에 적합한 서비스를 기대하는 심리를 가지고 있으며 이러한 심리를 보상 심리라고 한다.

② **서비스 자세** : 고객은 지불한 비용에 적합한 서비스를 제공 받기를 원하며 다른 고객과 비교해 손해보고 싶지 않은 심리를 가지고 있기 때문에 특별하면서도 공정한 서비스를 제공받았다는 만족감을 주어야 한다.

(6) 자기본위 심리

① 고객은 각자 자신의 가치기준을 가지고 항상 자기 위주로 모든 상황을 판단하는 심리를 가지고 있으며 이러한 심리를 자기본위 심리라고 한다.

② **서비스 자세** : 고객 중심으로 모든 서비스들이 전개되고 있다는 느낌을 주어야 한다.

(7) 존중기대 심리

① 고객은 자신이 중요한 사람으로 인식되고 기억해 주기를 바라며, 이것을 존중기대 심리라 한다.

② **서비스 자세** : 겸손한 자세로 거절이나 설득보다는 고객의 감정을 존중하고 있다는 것을 표현해 주어야 하며 고객의 관심사를 기억하여 고객과의 대화·응대에 적절하게 사용해야 한다.

수행 Tip

상담할 때 주의사항

① 고객과의 상담내용을 주관적으로 판단을 하지 않는다.
② 각각의 니즈에 대하여 심도 있는 정보를 입수할 필요가 있다.
③ 오픈 질문을 너무 많이 사용하지 않는다.
④ 확인을 통해 인식의 차이를 없앤다.
⑤ 정보수집에는 체계적인 접근이 필요하다.
⑥ 해결책을 미리 생각해두지 않는다.

3. 효과적인 상담방법

사람들은 이야기를 들은 후 10분이 경과하면 내용의 50%만을 기억하고 48시간이 지나면 25%로 줄어든다고 한다. 즉 상대방의 말을 들으면서 머릿속으로 다른 생각을 하거나 상대방의 잘못된 점이나 질문할 내용을 생각하기도 하고, 듣기보다는 말하기를 선호하는 경향이 있다.

따라서 효과적인 상담을 위해서는 고객과 원활한 의사소통(communication)이 이루어져야 하며, 의사소통에는 언어적 요소뿐만 아니라 첫인상, 표정, 몸동작, 태도 등의 비언어적 요소들도 중요한 역할을 한다.

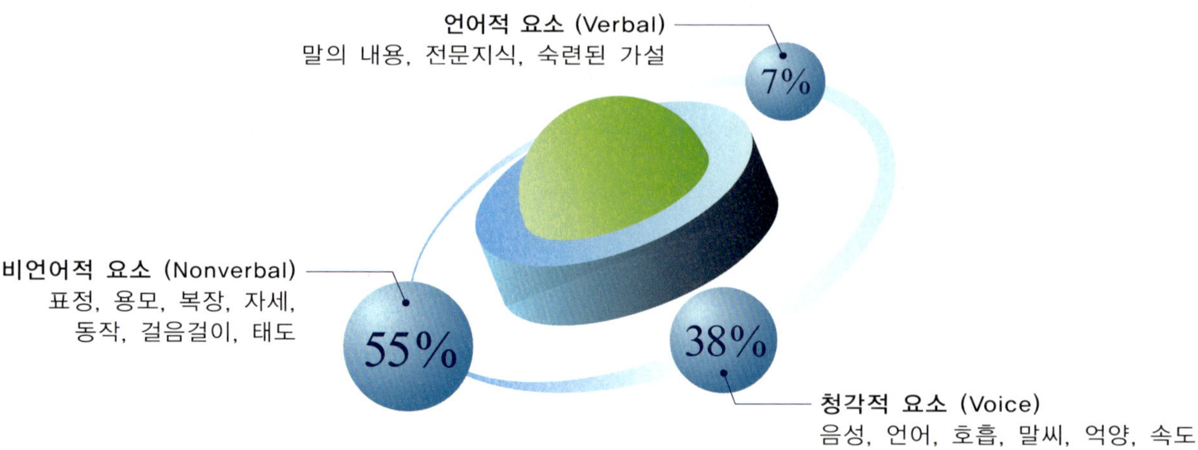

그림 1-1 앨버트 머레이비언(Albert Mehrabian)의 법칙

(1) 공감적 경청을 한다.

내가 먼저 고객을 이해하고 그 느낌을 표현해 주는 경청법으로 말하는 사람에게 동화되어야 표현을 제대로 할 수 있다.

[예] " ~잘못돼서 정말 속상하셨겠네요."

"네, 그러셨군요. 저라도 정말 화가 났을 겁니다."

" ~~하시다고 하니 저도 너무 안타깝습니다."

수행 Tip

상담할 때 참고사항

① 고객상담을 위해 방문동기를 파악하고 고객관리차트를 작성하여 고객정보처리 업무에 적용하는 능력을 키워야 한다.
② 고객상담은 효율적인 피부관리를 위해 고객과 자연스러운 대화를 통하여 고객을 이해하고 생활환경 및 피부유형을 파악하여 고객의 요구에 부응하는 피부관리 계획을 세울 수 있는 범위를 말한다.
③ 의사소통에 필요한 별도의 상담 테이블 등 고객을 위한 환경과 조건이 구비되어 있는지를 고려해야 한다.
④ 의사소통에 따른 위험요소를 식별할 수 있는 능력이 고려되어야 한다.

(2) 긍정적 부분을 중심으로 표현한다.

긍정적인 부분을 중심으로 표현한다. (긍적적인 것을 먼저, 부정적인 것을 나중에 이야기 한다.)

[예] "이곳에서 담배를 피워서는 안 됩니다." (×)

→ "건물 1층 바깥에 흡연실이 별도로 마련되어 있으니 그곳에서 담배를 피우시면 됩니다." (○)

(3) 청유형 표현을 사용한다.

명령형의 표현은 거부감을 불러일으킬 수 있으니 상대방이 내 부탁을 듣고 스스로 따라올 수 있도록 상대방의 의견을 구하는 표현을 사용한다.

[예] "잠시만 기다려 주세요." (×)

→ "잠시만 기다려 주실 수 있겠습니까?" (○)

"존함을 알려 주세요." (×) → "존함을 알려주실 수 있겠습니까?" (○)

(4) 개방형 표현을 사용한다.

'네, 아니요' 의 대답만 가능한 폐쇄적 질문은 가급적 지양하고 개방형 질문을 한다.

[예] "오늘의 관리는 맘에 드셨습니까?" (×)

→ "오늘의 관리는 어떠셨나요?" (○)

(5) 완곡한 표현을 사용한다.

"모릅니다", "불가능합니다" 등 이것, 아니면 저것식의 직설적이고 강압적인 표현은 피한다.

[예] "그렇게 하는 것보다 이렇게 하면 어떨까요?"

(6) 쿠션화법을 사용한다.

상대방이 원하는 것을 들어주지 못하거나 상대방에게 부탁을 해야 할 경우 기분이 나빠지는 것을 최소화 할 수 있는 표현을 사용한다.

[예] 번거로우시겠지만~
수고스러우시겠지만~
죄송합니다만~
미안합니다만~
실례합니다만~
+ 긍정형(의뢰형)

(7) 신뢰화법을 사용한다.

상대방에게 신뢰감을 줄 수 있는 표현을 사용한다.

[예] "저희 숍에서 최선을 다해 해결해 드리도록 하겠습니다."

(8) '너' 가 아닌 '내' 가 주가 된 표현법을 사용한다.

[예] "넌 왜 맨날 그렇게 하니?" (×)

→ "네가 그렇게 할 때마나 내가 얼마나 속상해하는지 아니?" (O)

(9) 상황에 따라 맞장구 표현법을 사용한다.

① **동의하는 맞장구** : "과연, 정말 그렇겠군요.", "예! 그렇고 말구요.", "말씀하신 대로입니다."

② **몸으로 하는 맞장구** : 고개를 끄덕이거나 갸우뚱한다.

③ **정리하는 맞장구** : "말하자면 이런 것 아닙니까?", "~에 대해 궁금하시다는 말씀이시지요?"

④ **재촉하는 맞장구** : "그래서 어떻게 됐습니까?', "그건 그렇다 치고 어떻게 하기로 했습니까?"

⑤ **놀람, 감탄을 나타내는 맞장구** : "설마!", "그렇군요!", "정말?", "세상에!"

4. 첫인상과 이미지

(1) 첫인상

1) 첫인상의 개념

① 첫인상은 처음에 들어온 이미지가 나중에 그것을 판단하는데 영향을 주는 것으로, 다른 사람에게 비추어지는 자신의 모습을 말한다.

② 인상은 처음 만난 지 2~10초 내에 결정되며 사람을 처음 만나서 받은 이미지는 머릿속에 남아 쉽게 사라지지 않는다.

③ 한번 결정된 부정적 첫인상을 바꾸는 데는 많은 노력과 시간이 소모되므로 첫인상 관리는 매우 중요하다.

2) 첫인상의 결정요인

① 이미지 메이킹은 커뮤니케이션에 있어 매우 중요한 요소이다.

② 시각 이미지는 자세, 용모와 복장, 제스처 등 외적으로 보이는 부분을 말한다.

③ 청각은 목소리의 톤이나 음색처럼 언어의 품질을 말하고, 언어는 말의 내용을 말한다. 즉, 대화를 통하여 상대방에 대한 호감 또는 비호감을 판단하는 데 있어서 말의 내용이 차지하는 비중은 70%인 반면, 말 할 때의 태도나 목소리 등이 38%, 시각적 요소가 55%를 차지하며 대화 내용과 직접적으로 관계가 없는 요소가 93%를 차지하여 상대방으로부터 받는 이미지를 좌우한다.

④ 호감가는 표정이나 자세 또한 첫인상을 결정짓는 중요한 요소이며 미소띤 얼굴은 상대방을 편하게 하여 인간관계를 증진시키며, 다른 사람들에게 호감 가는 인상을 줄 수 있다.

수행 Tip

첫인상의 특징

신속성	첫인상은 아주 짧은 한순간에 순간적으로 각인되는 것이다.
일회성	처음 한번에 전달되고 각인된 정보는 평생 기억에 있으며 변화되지 않는 일회성을 지닌다.
일방성	첫인상은 개인의 숨겨진 내면이나 성향을 확인하지 않고, 보이는 모습만을 통해 평가하는 것으로 사람의 판단과 가치관에 따라 일방적으로 인식되고 형성된다.
연관성	첫인상은 개인의 연상을 통해 형성되므로 불확실하다. 실제 인물과는 다른 사람을 떠올리거나 평소 머릿속에 인지하고 있던 정보와 혼동하여 첫인상으로 입력될 수 있으므로, 이런 오류를 인식하고 자신이 타인에게 어떻게 보이는가에 대해 신경을 써야 한다.

(2) 표정 이미지

1) 표정의 개념과 중요성

① 표정은 내면의 어떠한 의미가 얼굴로 표출되는 것으로, 감정을 드러내어 반영하므로 의사소통에 있어 매우 중요한 요소이다.

② 의도적으로 밝고 건강한 표정을 지으면 실제 그 사람의 감정도 바뀐다는 연구결과가 있듯이 의도적으로 밝은 표정을 짓는 노력이 필요하다.

③ 밝은 표정은 타인의 경계심을 없애고 친근감을 전달하여 좋은 커뮤니케이션을 이끄는데 중요한 도구로 작용한다.

2) 시선

① 시선은 자연스럽고 부드러운 상태로 우호적인 느낌으로 상대방을 바라보는 것이 중요하다.

② 대화의 상황에 따라 눈의 크기를 조절하며 대화의 의미를 주고 받는다.

③ 마음의 창인 눈은 커뮤니케이션의 좋은 수단이므로, 눈의 표정을 통해 좋은 관계를 유지할 수 있도록 노력한다.

3) 피부미용사의 표정 연출

① 웃는 얼굴 표정은 호감을 주며, 대인관계에 긍정적인 결과를 가져온다.

② 상황과 대화 내용, 대상에 맞는 표정을 자연스럽게 연출하도록 한다.

③ 평소 거울을 자주 보는 습관을 가지고 표정 관리를 습관화하여야 하며 웃는 얼굴은 근육 훈련을 통해 자연스럽게 연출할 수 있으나 지속력에는 한계가 있으므로 긍정적인 마음과 여유를 가지려고 노력한다.

④ 턱을 너무 들거나 당기지 않도록 하며 시선은 항상 부드럽게 유지하도록 한다.

⑤ 자신있는 표정으로 고객의 시선을 피하지 않고 대화중에도 긍정적인 표정 연출을 위한 마인드 컨트롤을 하도록 한다.

4) 직업의식을 표현하기 위한 이미지 메이킹

① 피부미용사의 신체적인 모습이나 의상은 자신과 회사의 이미지를 반영하게 되며 고객에게는 그 피부미용사의 태도를 가늠하게 해주는 첫 관문이다.

② 피부미용사에게 용모와 이미지는 직업의식을 표현하는 도구이며 고객은 피부미용사의 용모와 복장을 기반으로 서비스의 질을 판단하고, 신뢰감과 긍정적인 메시지를 받는다.

③ 고객을 좋은 인상으로 맞이하고 세련되며 단정한 용모와 복장을 갖추고 서비스하는 것은 전체적인 서비스의 질에 영향을 미친다.

5) 고객의 불평·불만을 대하는 마음가짐

고객만족의 첫걸음은 고객의 불평·불만을 파악하는 것에서부터 시작된다. 그러므로 기업은 불평과 불만을 파악하는 시스템을 확립하여야 한다.

미국의 갤럽조사에 의하면 서비스에 불만족한 고객 중 그것을 말로 표현하는 사람은 4%에 불과하다고 한다. 나머지 96%는 불만을 가진 잠재적인 고객인 셈이다.

고객의 불평은 서비스의 품질을 좋게 하는 요소가 될 수 있으며, 서비스 개선과 피부미용실 발전의 기회를 제공한다.

불만 고객과 그 불만을 잘 관리하는 것이 고객만족 경영의 요체이다.

① **진지한 표정, 죄송스러운 자세** : 진지한 표정으로 불평·불만을 접수해야 하며 고객께 걱정을 끼쳤다는 죄송스러운 자세로 임해야 한다. 불성실해서는 안되며 겸허하고 성의있는 태도를 보여야 한다.

② **인내심을 갖고 경청하기** : 우선 고객으로 하여금 충분히 말하게 둔다. 경청해주는 것만으로 불만의 상당부분이 해소될 수 있다.

③ **솔직히 사과하기** : 잘못된 것은 빨리 사과하는 것이 좋으며 진지하게 사과하면 고객은 마음이 가라앉게 되어있고, 오히려 호감을 가질 수도 있다. 고객과의 문제 해결 과정 후 고객이 어떤 감정을 갖게 되느냐가 중요하다는 것을 명심해야 한다.

④ **고객의 불만 신속처리** : 고객은 심리적으로 매우 급하다. 따라서 고객의 불평·불만에 대한 처리는 신속하고 완벽해야 한다. 고객의 불만을 잘 처리해주고 다시는 같은 잘못을 되풀이하지 않도록 관리하여야 한다.

수행 Tip

대인 지각 6단계

단계	지각형성 내용	
1	주목단계	타인의 외적인 이미지를 지각
2	즉각적인 판단단계	지각된 이미지를 판단(긍정과 부정)
3	원인귀속단계	외적행동(신분, 지위, 성별 등)과 내적요인 판단(자아정체감, 욕구, 경험 등)
4	성격특성 추측단계	타인이 생각하고 있는 특성들을 판단
5	인상형성단계	앞 단계에서 지각된 타인의 이미지를 바탕으로 조금 더 세밀히 인식하고 지각
6	행동예측단계	지각했던 결과들이 산출되고 반응하는 단계로 타인의 행동을 미리 예측

3. 고객만족관리

1. 고객의 욕구

(1) 주관적 욕구

① 고객은 자신을 중요한 사람으로 인식하려는 주관적 욕구를 가지고 있다.

② 고객은 근본적으로 우월감을 가지고 있으며 우월감이 인정되지 않으면 불만족하게 된다.

③ 고객은 자신을 고객으로 기억하기를 기대한다.

④ 고객은 관심을 끌고 싶은 욕구가 있다.

⑤ 고객은 자신의 욕구와 기대를 수용해 주기를 바라는 욕구가 있다.

⑥ 고객은 다양한 심리적 욕구가 있다.

(2) 실제적 욕구

① 고객의 실제적인 욕구는 고객의 객관적인 욕구이다.

② 적절한 가격은 고객의 가장 실제적 욕구이며 경우에 따라 높은 가격이 고객을 만족시킬 수도 있다.

③ 고객은 적절한 시기와 장소에서 서비스를 제공받으려는 욕구가 있다.

(3) 주관적 욕구와 실제적 욕구

① 실제적 욕구가 충족되었어도 주관적 욕구가 충족되지 않으면 고객은 더 이상 해당 기업의 고객이 아니다.

② 적절한 가격, 시간과 장소에서 서비스를 제공해도 고객의 주관적 욕구가 충족되지 않으면 재구매 고객이 되지 않는다.

③ 실제적 욕구보다 주관적 욕구가 더 강하다.

2. 고객만족의 개념 및 원칙

(1) 고객만족의 개념

① 고객의 구매행위는 "0.3초의 흥미로움"에서 시작된다.

② 고객이 직원과 접촉하는 접점에서 구매의사 결정이 이루어진다.

③ 고객의 욕구는 흥미에 따른 구매 전환, 구매, 만족감의 순서로 진행된다.

수행 Tip

충성고객 관리 (기존고객 관리)

① 가장 대표적인 가치 척도의 법칙은 파레토의 80 : 20의 법칙으로 전체 수익 중 80%는 20%(충성고객, 단골손님 순)가 책임진다

② 기존고객 중 충성고객 중심으로 차별화 전략으로 관리해야 한다.

(2) 고객만족 3S 원칙

① 스피드 (Speed) : 서비스(상품)나 고객의 요구사항은 신속하게 처리한다.

② 스마트 (Smart) : 직원의 단정한 복장, 건강한 얼굴, 명랑한 음성 등을 통하여 고객에게 신뢰와 만족을 줄 수 있도록 상황에 따른 대응훈련이 이루어져야 한다.

③ 스마일 (Smile) : 점내에서 서비스를 담당하고 있는 직원은 밝고 표정과 미소로 고객을 즐겁게 해야 한다.

(3) 고객만족의 기본 원칙

① 균일성·공평성의 원칙 : 고객의 상황에 따라 응대방법이 달라질 수는 있으나 접객직원의 상황에 따라 응대방법이 달라져서는 안 된다.

② 신속성의 원칙 : 고객의 요구에 따라 정확하고 신속한 서비스를 제공하여야 한다.

③ 고객중심의 원칙

- 고객이 원하지 않는 서비스는 구매로 연결되지 않는다.
- 고객의 심리상태와 구매동기 등을 세심하게 파악하여 필요한 정보를 제공한다.

3. 고객별 응대 요령

(1) 성별 고객 유형

구분	특성
남 성	① 독립심이 강하며 대범하고 적극적이다. ② 자신감, 우월감, 자기만족 욕구가 강하다. ③ 창조적이고, 모험심이 강하다. ④ 이론적이며 실천적이다. ⑤ 경제적이며 활동적이다.

여 성	① 온정주의이며 독립성과 결단력이 부족하다. ② 우유부단하며 모방성이 강하다. ③ 심미적(審美的)이며 동정심이 강하다. ④ 피(被)암시성이 강하다. ⑤ 보수적이며 현실적이다. ⑥ 종교적이며 사회적 관심이 높다. ⑦ 사고력이 단순하며 경계심이 강하다. ⑧ 자기위주의 생각이 강하며 질투심이 강하다.

(2) 연령별 고객 유형

노인층	① 급격한 변화를 원치 않으므로 신중하다. ② 다소 소극적이며 우유부단한 편이므로 지나친 적극성을 삼가는 것이 좋다. ③ 인내심이 강해 감정 노출을 억제한다. ④ 자율성이 강해 지나친 간섭을 싫어한다. ⑤ 비교적 소유욕이나 애착심이 강해 욕구를 충족시키려는 경향이 있다.
청 · 장년층	① 엘리트 의식과 프라이드가 강하므로 자존심을 해치는 언동은 삼가야 한다. ② 구매의욕이 강하며 합리적인 셀링 포인트로 집중적인 설득에 주력한다. ③ 매우 이기적인 경향이 있으므로 이익과 장점에 대하여 설명한다. ④ 자신의 건강에 대하여 유별나게 관심이 높다. ⑤ 모든 것을 비합리적으로 해석하려고 한다. ⑥ 편의주의적이며 단순하다. ⑦ 실천적이며 행동적이다.
청소년층	① 개성이 매우 강하므로 개성에 영합되는 방향으로 응대한다. ② 사물을 매우 감상적으로 보거나 해석하려고 한다. ③ 생각이 매우 단순하여 깊은 사려가 없다. ④ 매우 이상적이며 현실적이다. ⑤ 기성관념이나 기성세대에 대하여 회의적이며 거부적이다.

(3) 성격별 고객 유형

거만한 고객	• 말투나 태도가 권위적이며 자존심이 강한 사람이므로 정중한 말이나 태도로 대해야 하며 부정하지 말고 존중해야 한다.
빈정대는 말투의 고객	• 설령 고객이 놀린다 할지라도 화를 내지 말고 온화한 표정으로 농담을 되받아 주게 되면 오히려 매출로 이어지게 될 가능성이 훨씬 높아진다. • 단시간에 승부를 걸려고 하지 말고 다소 느긋하게 응대한다.

(계속)

성급한 고객	• 성격이 급하고 직원의 어투나 태도 등에 조금이라도 실례되는 부분이 있으면 금방 화를 내는 타입이다. • 기다리는 것을 기본적으로 싫어하므로 신속하고 명확한 어투나 태도로 응대한다.
수다스러운 고객	• 말을 도중에 끊어 버리게 되면 감정이 상할 수 있으므로 마지막까지 열심히 들어주도록 한다. • 화제가 상품에 관련된 사항과는 다른 쪽으로 흐르지 않도록 수위를 조절해 가며 대응할 수 있는 유연성이 요구된다.
혼자 중얼거리는 고객	• 불평불만이 많고 정신집중이 잘 안되며 세일즈맨의 말에도 귀를 기울이지 않는다. • 스스로 결정할 때까지 인내심을 가지고 기달린다.
우유부단한 고객	• 고객의 요구사항이나 취향 등을 충분히 파악한 후 적합하다고 생각되는 상품에 대하여 구체적으로 설명한다. • 상품 구매여부의 최종결정 시에는 직원이 옆에 서서 조금 거들어 주게 되면 효과적이다.
박식한 고객	• 자신의 풍부한 지식을 과시하려고 논설조의 이야기를 늘어놓거나 직원을 가르치려고 하는 태도를 보인다. • 이야기를 잘 들어주고 고개를 끄덕이며 수긍조의 말이나 제스처를 보여주면 효과적이다.
내성적인 고객	• 자신의 취향이나 궁금증 등에 대해서도 거의 의사표시를 하지 않는 경향의 타입이다. • 신뢰감 있게 대화를 유도한다. • 자세한 설명이나 질문을 던짐으로써 고객과의 심리적인 거리감을 좁히도록 한다.
인색한 고객	• 가격이 저렴한 물건을 보여준다. • 그만한 가치가 있는 상품이라는 것을 믿게 한다.
염치없는 고객	• 고객이 염치없이 구는 것은 고객의 자유이며 그 사람의 자유를 뺏는 것은 곧 서비스의 실패를 가져온다. • 고객의 자유를 침해하지 않는 범위에서 적당히 응수하여야 한다.

(4) 고객 특성별 응대요령

	고객 유형	고객 특성	직원의 대응방법
1	수다스러운 사람	욕구불만으로 남에게 동조를 얻고 싶어 한다.	가능한 한 따뜻하게 수용한다.
2	유창하게 말하는 사람	능력은 있으나 때로 자신을 과시하는 타입이다.	반론은 좋지 않으며 질문식 설득화법으로 대응한다.

(계속)

	고객 유형	고객 특성	직원의 대응방법
3	무엇이든 반대하는 사람	콤플렉스나 자존심이 특히 강하다.	질문으로 대응하되 자존심을 건드리지 않는다.
4	금방 말의 허리를 지르는 사람	이기적인 성격의 소유자이다.	대화시간을 충분히 갖고 생각을 납득시킨다.
5	격렬한 어조로 말하는 사람	사교적이지 못한 사람으로 판단력, 비판력이 직관적이다.	여유를 가지고 정신적 우위에서 들어주는 것이 좋다.
6	같은 말을 장시간 되풀이하는 사람	자아가 강하고 끈질긴 성격의 소유자이다.	문제를 압축하고 요점을 정리하며 상대방의 말에 지나치게 동조하지 않는다.
7	이야기를 그대로 받아주는 사람	주체성이 결여된 자기 방어형이다.	상대의 기분을 이해하면서 이야기를 보조해 준다.
8	말을 더듬는 사람	내향적이거나 행동력이 강하다.	상대의 기분을 이해하면서 이야기를 보조해 준다.
9	비유를 잘하는 사람	머리가 좋은 타입이다.	논리적인 화법으로 설득한다.
10	이야기의 맞장구를 잘 치는 사람	사교적인 타입이다.	상대와의 기분에 사로잡혀 말을 많이 하는 것을 삼간다.
11	주저하면서 이야기하는 사람	상대를 경계하거나 콤플렉스 소유자이다.	상대가 부담 없이 말할 수 있는 분위기를 조성해 나간다.
12	과장되게 말을 잘하는 사람	콤플렉스를 감추고 있는 사람이다.	상대의 진의를 파악하고 말보다는 객관적인 자료로 대응한다.
13	이치를 따지기 좋아하는 사람	완고하면서 남다른 성격의 소유자이다.	이론적으로 맞서지 말고 상대의 의견을 존중한다.
14	생각에 생각을 거듭하는 사람	신중하나 판단력이 부족한 사람이다.	결론을 내주는 화법이 좋다.
15	빈정거리기 좋아하는 사람	열등감, 허영심이 강한 사람이다.	자존심을 존중해 주면서 대응한다.
16	제스처가 풍부한 사람	감수성이 풍부하고 말하기 좋은 타입이다.	신중하게 말하고 상대의 말을 가로채지 않도록 한다.
17	마음을 열지 않는 사람	모르는 사람을 경계하고 콤플렉스 소유자이다.	먼저 진지하게 마음의 문을 열고 접근한다.
18	익살을 잘 떠는 사람	생활을 즐기는 타입이다.	지나치게 수다를 떨어도 가능하다면 받아준다.
19	스스로 비하하는 사람	실은 속으로 칭찬 받기를 희망하는 사람이다.	상대의 장점이나 칭찬사항을 찾아 좋게 이야기한다.

(계속)

	고객 유형	고객 특성	직원의 대응방법
20	자랑을 잘하는 사람	콤플렉스의 반사적 표현이다.	칭찬이나 인정을 해준다.
21	생각나는 대로 즉석에서 말하는 사람	자아의식이 강하고 상대방에 대한 배려가 없는 사람이다.	인내력과 포용력을 갖고 응대한다.
22	낙천적인 사람	판단력, 실행력이 뛰어난 적극적인 성격의 소유자이다.	감정 설득화법으로 응대한다.
23	확신 없이 횡설수설하는 사람	주의력이 산만하고 사고력이 결여된 사람이다.	주도권을 쥐고 이야기해 나간다.
24	곧바로 타협하려는 사람	충분한 경계가 필요한 사람이다.	이야기는 진행시키되 상대방의 상태를 예의주시해야 한다.

4. 고객만족 서비스 지침

(1) 고객 스스로가 선택한 상품이 되도록 하라

① 대부분의 고객은 뚜렷한 개성이나 주체성을 가지고 서비스의 종류를 찾거나 결정하지만 선택에 도움이 필요한 고객도 있다.

② 일방적인 강요는 구매의욕을 약화시킬 수도 있다.

③ 서비스에 관한 지식과 정보가 불충분한 고객이라 할지라도 스스로 선택하지 않으면 구매의욕은 생기지 않는다.

④ 고객의 취향에 맞는 몇 가지 서비스를 함께 제시하여 고객이 비교·선택 하도록 한다.

수행 Tip

주의할 사항

피부관리실에서 제안하는 서비스의 수가 너무 많게 되면 오히려 고객을 혼란스럽게 만들 수 있으므로 다섯가지 이내로 하는 것이 좋다.

(2) 고객의 얼굴과 이름을 기억하라

① 고객의 이름을 기억하여 고객과의 대화 도중에 "○○고객님…"과 같이 고객 이름을 반복적으로 사용한다.

② 고객이 돌아간 후에 고객카드를 만들어 고객의 방문 기록과 취미, 기호 등을 정리한다.

③ 한번이라도 방문한 고객은 이름을 기억하여 다시 방문하였을 때 "○○○ 고객님 어서 오십시오"라고 인사를 받으면 고객 만족도가 향상된다.

(3) 고객의 이야기에 귀를 기울여라

① 고객의 이야기를 들을 때에는 고개를 조금 안쪽으로 기울여 관심을 표명한다.

② 고객의 눈을 보면서 맞장구를 친다든지 고개를 끄덕이고 이야기 도중에 가끔씩 질문을 던져 이야기를 진행시키기 쉬운 분위기를 만들도록 한다.

③ 고객의 의견과 자신의 의견을 비교하는 등 고객의 의도를 충분히 이해하였음을 표현한다.

(4) 서비스 지식을 완전히 습득하라

① 서비스에 대한 충분한 지식을 가지고 있지 않으면 고객과의 신뢰는 기대할 수 없다.

② 서비스 상품을 잘 이해하고 전문가로부터 지식을 습득한다.

③ 잡지나 신문, 정보 등으로 부터 끊임없이 정보를 수집한다.

(5) 先 단점, 後 장점 설명화법을 사용하라

① 서비스의 장점과 단점을 함께 이야기하는 것이 효과적이다.

② 상황을 설명할 때에도 마이너스적인 측면을 먼저 언급하고 나중에 플러스적인 측면을 언급하라.

③ 마이너스적인 측면을 언급함으로써 고객에게 신뢰감을 심어줄 수 있다.

수행 Tip

참고할 사항

① "저 피부미용실은 서비스는 좋은데 지저분해."와 같은 표현인 "저 피부미용실은 지저분하지만 서비스는 좋아"라는 표현은 같은 내용에도 불구하고 상대방이 느끼는 감정은 전혀 다르다. 전자의 경우는 "지저분해."라는 단점이, 후자의 경우는 "서비스는 좋아."라는 장점이 강하게 인상에 남게 된다. 이처럼 고객에게 어떤 상황을 설명할 때에도 **마이너스적인 측면을 먼저 언급하고 나중에 플러스적인 측면을 언급하게 되면 그 상황은 결국 플러스가 된다.**

② "가격은 조금 비싸지만 서비스는 최고입니다."라고 하게 되면 가격이 조금 비싸다는 결점이 훌륭한 서비스에 묻혀버리게 된다.

③ 마이너스적인 측면을 고객에게 언급함으로써 오히려 "정직한 직원(경영자)이구나."라는 신뢰감을 고객에게 심어줄 수 있게 된다.

5. 고객만족 응대 요령

(1) 호감을 주는 고객 응대 화법

① 대화의 요령

- 실상을 파악한다.
- 사전에 계획한다.
- 줄거리를 요약한다.
- 흥미와 관심을 유도한다.
- 이유와 원인을 설명한다.
- 포인트를 강조한다.
- 결론을 먼저 말한다.
- 사실을 뒷받침한다.
- 감명과 감동을 준다.
- 확신을 갖게 한다.

② 호감을 주는 화법

- 상대방에게 관심을 가지고 이야기를 한다.
- 상대방에게 이익이 되는 점을 말한다.
- 열의를 가지고 이야기를 한다.
- 의논조로 이야기를 한다.
- 친근감, 성실성, 미소를 보인다.
- 풍부한 화제를 준비한다.
- 겸손한 자세를 보인다.
- 정확한 사실에 입각하여 말한다.
- 자신의 과오를 솔직히 시인하고 사과한다.
- 구체적인 칭찬과 말끝마다 대화 중에 맞장구를 쳐 준다.

(2) 고객응대 화법

① 대화는 공을 주고받는 것으로 비유한다. 똑같은 대화도 이야기하는 쪽과 듣는 쪽이 반복되는 대화로 진행되어야 한다.

② 고객과 직원의 역할교대가 자연스러우면 대화도 순조롭게 진행이 된다.

③ 말하는 기술보다는 듣는 기술이 고객응대 화법에 더 중요하다.

- 긍정적 화법

– Yes, But화법 : "옳습니다."라고 상대방의 말을 먼저 인정하고 경계심을 풀게 한 후 "그렇지만" 하고 응대로 전환하는 화법이다.

– 앵무새 화법 : "바로 그런 것 때문에..."라고 고객의 거절이나 반론을 그대로 이어가는 화법이다.

- 부정적 화법

– "농담이시겠지요.", "천만의 말씀입니다."라고 부정하는 화법이다. 고객의 성격에 따라서 의외로 효과를 발휘할 수 있는 화법으로 서툴게 사용하면 고객의 감정을 상하게 만들 수 있으므로 조심해야 한다.

(3) 질문법

교수 의뢰법, 반문법이라고도 하며 고객의 진의를 파악한 후 되받아 질문함으로써 설득하는 화법이다.

① **사실확인법** : 진의를 직접적으로 질문한다.

– "이 상품을 꼭 찾으시는 이유가 있으십니까?"

② **판단요구법** : 제안하거나 데이터를 제공하여 판단을 기다린다.

– "이 상품보다는 저 상품이 더 좋은데 어떻습니까?"

③ **의견청취법** : 문제 제기로 응수의 실마리가 되는 의견이나 느낌을 끌어낸다.

– "보통 고객님들께서도 이 상품에 대해 많은 흥미를 가지고 계셔서 찾는 분이 많습니다. 상품의 내구성이 아주 좋은데 고객님께서는 어떻습니까?"

④ **유도법** : 결론을 질문 속에 담아 암시를 주어 고객의 의견을 유도한다.

– "노란색(Yellow)이 좋습니까? 아니면 푸른색(Blue)이 좋습니까?"

(4) 묵살법

고객의 불만이나 반론 안에는 위장된 저항도 있기 때문에 실례가 되지 않을 정도로 한 귀로 듣고 한 귀로 흘려보내는 화법으로 묵살법은 신중하고 정확하게 고객의 진의를 파악하고 사용해야 한다.

(5) 자료 활용법

팸플릿이나 정보자료를 보이고 응수하는 화법으로 논리적인 타입의 고객에게는 효과적인 기법이다

(6) 예시법

설득의 기술 중에서 의외로 효과를 나타내는 화법으로 실례를 들어 고객의 경쟁심이나 허영심에 호소하는 방법이다. 물론 이런 경우에는 되도록 가까운 신변을 거론하는 것이 포인트이다.

(7) 화제 전환법

피스톤 화법이라고도 부르며 거절고객에게 직접 응대하지 않고 전혀 다른 화제로 설득에서 후퇴한 후 기회를 포착하여 다시 설득하는 화법이다.

수행 Tip

고객응대에서 피해야 할 주제

① 정당이나 종교에 관한 사항
② 경쟁사의 비방
③ 비밀에 관한 사항
④ 상대방의 출신지, 모교, 소속단체 등의 혹평
⑤ 거짓말, 유언비어, 남의 험담
⑥ 상대방이 들어서 불쾌한 이야기
⑦ 부정적인 이야기 등

6. 불만고객의 반응 및 대처방안

(1) 불만고객

1) 불만고객이란?

서비스를 제공하는 과정 중에서 고객의 불만이 발생하는데 불만에 대해 회사를 상대로 표현하고 해결을 요구하는 고객을 말한다.

2) 불만고객을 중요하게 다루어야 하는 이유

① 불만을 표현하는 고객은 그렇지 않은 고객보다도 상대적으로 회사의 발전과 경쟁력 향상에 없어서는 안 될 중요한 고객이다.

② 불만처리를 통하여 만족한 고객은 재구매율이 높으며 지인들에게 만족감을 홍보하여 신규고객을 창출하는 역할까지 수행한다.

③ 고객의 불만은 제품이나 서비스의 문제점을 발견할 수 있으며 불만사항을 개선하여 품질을 향상시킬 수 있다.

④ 불만을 처리하는 과정에서 고객과의 유대를 강화하여 열성팬으로 만들 수 있는 절호의 기회이다.

⑤ 고객 불만이 발생되는 가장 큰 원인은 직원들의 고객응대 과정에서 비롯되는 것으로 불만고객 중 95%는 불만을 간직한 상태로 불만을 전파하거나 재 구매하지 않으며 5%만이 불만을 제기한다.

⑥ 만족한 고객의 수를 늘리는 전략도 필요하지만 불만족한 고객의 수를 줄여나가는 전략이 더욱 중요하다.

⑦ 현장 서비스를 통해 접점에서 발생하는 고객 불만의 원인은 고객의 기대에 못 미치는 서비스 응대, 지연 서비스, 직원의 실수와 무례한 태도, 약속 미이행, 단정적 거절, 책임 전가 등이 있다.

(2) 불만고객의 반응 및 고객이탈 방지

1) 불만고객의 심리

불만처리를 위한 전략방안의 효과성을 비교한 연구에서 사과가 가장 효과적이며 보상과 수정이 결합되어졌을 때 고객의 충성도가 증가한다.

2) 불만족 고객의 반응

① 서비스 불만족을 경험한 고객은 다양한 반응을 하며 우리나라 소비자들은 대체로 서비스업종에서 불만족을 가장 많이 경험한다.

② 불만족이 생겼을 경우 고객의 반응은 무반응, 불평행동으로 나눈다.

③ 기업에 보상을 요구하거나 소비자 보호단체에 신고하여 소송을 제기하는 공적 불평행동을 보이는 고객도 있다.

3) 고객불만처리 유형 : 고객불만 처리 유형은 소극형, 표현형, 분노형, 적극형으로 나눌 수 있다.

① **소극형** – 불만족이 발생해도 침묵하는 유형으로 부정적 구전 가능성이 있고, 구매중단 가능성이 높다.

② **표현형** – 직접 불만족을 표현하며 필요한 경우 보상도 요구한다.

③ **분노형** – 그 상황에서 분노하고 직원에게 직접 화를 표출한다.

④ **적극형** – 불만 요인을 찾아 불매운동 혹은 법적 행동을 취한다.

4) 고객이탈 방지

① 파레토의 원칙(Pareto Principle) 또는 80:20 법칙으로 백화점 매출액의 80%는 20%의 단골손님에 의해 발생하며 80%의 고객불만이 20%의 상품 때문에 발생한다.

② 고객 불만에 대해 적절하게 조치한다면 기업에 대한 고객의 신뢰와 만족도는 그 이전보다 높아질 수 있다.

③ 효과적인 불평사항 처리 서비스는 고객유지에 중요한 역할을 한다.

수행 Tip

흥미로운 사실

고객이 불평을 표현했으나 별다른 조치가 이루어지지 않았을 경우, 불만이 있으나 불평하지 않은 경우보다 오히려 재구매 의도가 두 배 이상 높아진다는 것이다. 이것은 고객의 불평행동이 충성도와 관련이 있으며 불평행동만으로 고객의 심리적 긴장이 완화될 수 있다는 것을 의미한다.

(3) 불평행동의 결정요인

① 불만족의 정도(문제의 심각성)

② 상품과 서비스의 중요성

③ 불평 행동의 효익 (불평행동을 했을 때의 얻을 수 있는 혜택)

④ 불평 행동의 비용(시간, 노력 등)이 있다.

수행 Tip

고객 유형에 따른 클레임 대응 요령

① 성격이 급한 고객 : 신속하고 정확하게 행동해야 하며 발생한 클레임은 사유에 대해 반드시 공지하고 양해를 구한다.

② 까다로운 고객 : 경청과 호응으로 죄송한 마음을 전한 뒤 최대한 빠르게 처리한다.

③ 자존심이 강한 고객 : 고객의 말을 충분히 듣고 고객의 감정을 수용하면서 빠른 해결책을 찾는다.

④ 명랑형 고객 : Yes 와 No를 분명히 하고, 고객의 쾌활함 때문에 예의에서 벗어나는 행동을 하지 않도록 주의한다.

⑤ 얌전형 고객 : 말수가 적은 고객은 오해도 잘할 가능성이 있으므로 자세한 설명과 정중하고 차분한 태도로 고객을 대하며 빈틈없이 사후 처리를 한다.

⑥ 의심형 고객 : 자신감 있는 태도를 보여주는 것이 중요하고 정확한 정보와 자료를 제시하여 확신을 주어야 하며 담당 책임자가 직접 응대하는 것이 효과적이다.

⑦ 어린이 동반고객 : 고객의 말을 충분히 경청하고 처리하면서 상황이 된다면 어린이에 대한 관심을 가져주고, 어린이의 장점을 파악하여 적절한 칭찬을 해주는 것이 좋다.

(4) 부정적 구전의 예방

① 긍정적 구전 보다는 부정적 구전이 5배 정도 빨리 파급된다.
② 불평 행동으로 인한 부정적 구전행동은 기업의 이미지와 브랜드에 악영향을 준다.
③ 효과적이고 신속한 고객응대는 불만고객에게 더 많은 감동을 준다.

7. 고객관계 관리

① 고객관리를 위해서는 고객관계 관리가 이루어져야 한다.
② 서비스 내용과 행위만이 충성고객을 만들어낼 수 없다.
③ 한 순간의 실수가 실수로 인정되기 이전에 고객의 구매 민감도가 변화되는 경우가 많다.
④ 서비스 제공자나 직원들은 "나" 스스로가 최상의 상품이어야 한다. 특화란 차별화보다 경쟁력이다.
⑤ 경쟁의 접점에서는 우위적 환경 요소가 고객의 이탈을 방지할 수 있다.
⑥ 서비스업은 고객의 만족도에 따라 수요가 지속될 수 있다.
⑦ 고객의 눈높이에서 일대일 맞춤형 고객관리 서비스를 실행하여야 한다.
⑧ 고객관리를 위하여 고객관리 카드를 만들고 서비스와 상품 정보를 제공한다.
⑨ 고객의 구매행위가 완료된 이후에도 사후 서비스를 실시한다.
⑩ 고객관계 관리가 충성고객의 확보 전략이라면 사후서비스는 충성고객의 유지 전략이다.
⑪ 일반적으로 직원의 전문지식부족, 관리소홀, 접객태도 불량, 약속불이행, 고객우선 태도의 부족, 보관 물품관리 소홀, 계산착오 등에 의해서 클레임이 발생한다.
⑫ 클레임이 발생할 것을 대비하여 클레임 처리 매뉴얼을 수립해 두고, 숙지하도록 교육하여야 한다.

⑬ 클레임이 발생했을 경우 책임자의 신속한 사과와 정확한 사후처리가 중요하다.

4. 피부 문제와 관리 목적

1. 유·수분에 따른 피부 유형

① 분비되는 피지와 수분의 양에 의해 정상, 건성, 지성, 복합성의 네 가지 타입으로 분류할 수 있다.

② 피부의 유형 분석시 피부의 조직상태, 보습상태, 피지분비 상태 등에 따라 다양하게 구분하며 관리 전 고객의 피부유형을 파악한 후 관리를 계획하여야 한다.

(1) 정상 피부(normal skin)

① 피부조직의 모든 상태뿐만 아니라 피부의 생리기능들이 모두 정상적으로 활동을 하고 있는 가장 이상적인 피부를 뜻한다.

② 피부의 각질층, 각질의 탈락, 수분의 소실, 피지와 땀의 분비 등 피부의 여러 생물학적 과정들이 서로 균형을 이루고 있는 상태를 말한다.

③ 내적, 외적의 요인과 연령으로 인해 가장 쉽게 변할 수 있기 때문에 건강한 피부를 지속적으로 유지하는 것이 중요하다.

[특징]

① 피부결의 형태는 종횡으로 정밀하게 갖추어져 있으며, 섬세하고 윤기를 간직하고 있다.

② 피부결이 고르며 부드럽다.

③ 모공은 작고 눈에 잘 띄지 않을 정도로 약간 보인다.

④ 피부 보습 상태가 적절하여 전반적으로 부드럽고 깨끗하다.

⑤ 피지분비 상태가 정상이며, 피부 표면이 윤기있고 매끄럽게 보인다.

⑥ 피부 예민도는 약간 민감해 보일수 있으나 붉거나 가려운 자각증상은 없다.

⑦ 피부가 부드럽고 매끄러우며 탄력이 있다.

⑧ 세안 후 피부 당김이 느껴지지 않는다.

⑨ 눈 가장자리의 표정주름 외에는 전반적으로 주름이 없다.

⑩ 기미, 주근깨 등의 침착된 피부 색소가 없다.

[원인]

① 각질층의 수분 함유량이 10~20%로 정상이다.

② 혈액순환이 정상상태를 유지한다.

③ 표피 세포의 신진대사가 원활하다.

④ 고른 영양섭취와 칼로리 소비가 균형적으로 이루어져 있다.

⑤ 내외적 환경(계절과 연령 등)에 따른 피부 손실의 변화가 적다.

(2) 건성 피부(dry skin)

① 피지선에서 피지가 정상보다 적게 분비되므로 피부 표면에서 피지막이 제대로 형성되어 있지 않다. 따라서 수분이 많이 손실되는 수분 부족증상 때문에 지나치게 건조해지거나 피부 표면에 각질이 일어날 수 있다.

② 예민해지기 쉽고 주름을 동반한 노화가 빨리 진행되기 때문에 주의와 세심한 관리가 필요하다.

③ 수분부족 건성피부, 유분부족 건성피부로 구분할 수 있다.

[특징]

① 모공이 작아 피부결이 조밀하게 보이나 윤기가 없다.

② 피지 분지가 부족하다.

③ 각질층의 수분함량이 10% 이하이다.

④ 피부가 건조하고 외부의 자극을 잘 받는다.

⑤ 입가나 눈 주위에 잔주름이 생기기 쉽다.

⑥ T존에 비해 두 뺨이 더 건조한 편이고 세안 후에 당기는 느낌이 있다.

⑦ 색소 침착이 쉽게 나타난다.

⑧ 환절기에는 각질로 인해 메이크업이 잘 받지 않는다.

⑨ 여드름이나 트러블은 잘 생기지 않지만 피부탄력이 떨어질 수 있다.

수행 Tip

수분부족 피부상태

(1) 피부 표면 수분부족

① T존 부위만 약간의 유분기가 보인다.
② 입, 코 주위에 각질이 잘 생긴다.
③ 후천성 자극인자 영향에 의한 경우가 많다.
④ 볼 부위 당김, 붉어지는 자각 증상을 자주 느낀다.
⑤ 가끔 부위별로 가려움증도 발생한다.

(2) 피부 내면 수분부족

① 모공의 크기와 상관없이 일종의 노화 증상으로 탄력 저하로 늘어짐이 보인다.
② 자연적 노화현상이다.
③ 항상 피부 당김을 느낀다.
④ 반복된 나쁜 습관의 결과로 부위별 깊은 주름이 나타나기도 한다.

수행 Tip

유분부족 피부상태

① 전체적으로 모공이 작다.
② 상대적으로 흰 피부색을 갖고 있다.
③ 잔주름이 많다.
④ 유전적 소인이 크다.
⑤ 쉽게 당김 현상을 느낀다.
⑥ 피부 감촉이 부드럽다.

[원인]

① 유전적 요인

- **모공의 크기** : 건성피부가 모공이 작은 이유는 피지 분비량이 작기 때문이다.
- **피부색** : 외부방어력이 우수한 피부일수록 피지분비량이 많고 피부색이 비교적 어두운 사람이 많고, 반대로 건성 피부는 외부유해인자방어능력이 약한 흰 피부를 갖고 있는 것이 일반적이다.
- **면역기능** : 아토피 피부염이 있거나 알레르기 인자(금속, 꽃가루, 음식 등)에 의해 쉽게 항원항체 반응을 보이는 사람은 혈관의 확장과 수축이 정상인보다 자주 반복되어 열이 발생되고 이로 인해 탈수증가로 건성 경향을 띤다.

② 후천적 요인

- **직업, 취미활동** : 냉방, 난방, 사우나 등 급격한 온도변화를 자주 겪는 경우 피부가 쉽게 붉어지고 건조해 질 수 있다.
- **잘못된 화장품 선택** : 자신의 피부 상태에 맞지 않는 지성 피부용 화장품의 지속적인 사용시 피부가 건성 피부로 변할 수 있다.
- **신경과민** : 민감한 정신 상태 및 스트레스는 내분비계, 자율신경계에 영향을 주어 피부 문제를 초래할 수 있다.

(3) 지성 피부(oily skin)

① 피지선의 기능이 필요 이상으로 촉진되어 정상피부보다 과다한 피지가 분비됨으로써 피부 표면이 늘 번들거리며 모공은 넓어지고 각질층은 두꺼워져 피부가 두꺼워 보이는 피부를 지성피부라고 한다.

② 피지선의 크기와 그 활동성은 나이와 개인의 호르몬 분비량과 밀접한 관계가 있다. 유아기에는 피지선의 크기가 아주 작고 사춘기에 이르면 피지선이 크게 확대되고, 성년이 되면 피지선의 활동이 안정된다.

[특징]

① 모공이 보이며 피부 표면이 고르지 못하다.

② 세안 후 당기지는 않지만 끈적임이 있다.

③ 피부 표면의 번들거림이 있고 피부가 거칠다.

④ 화장이 잘 지워진다.

⑤ 과각질화 현상이 있어 피부가 두껍게 보이다.

⑥ 피부 조직이 두꺼우므로 잔주름이나 표정주름이 적은 편이다. 한번 발생된 잔주름은 깊은 주름으로 이행되기 쉽다.

⑦ 소구(모공)가 깊고, 소릉(땀구멍과 땀구멍 사이)이 높으며 불규칙적이다.

⑧ 여드름성 블렉헤드가 생긴다.

⑨ 만져보면 유분이 있다.

[원인]

① 피지 및 유분 과다

② 스트레스

③ 탄수화물 과잉 섭취

④ 유전 및 호르몬의 불균형

⑤ 주변 환경(높은 기온, 습도, 계절적 요인)

(4) 복합성 피부(combination skin)

① 피지 분비량의 불균형으로, 2가지 이상의 피부형태가 공존하는 피부 상태를 말한다.

② 얼굴 피부의 부위에 따라 T존 부위는 전형적으로 지성 피부이면서 나머지 부분은 건성 피부의 특징을 나타내는 복합성 피부는 대개 중년 이후의 사람들에게 나타나는 피부 유형으로서 대체로 선천성 요인보다는 후천성 요인에 의하여 나타나게 되는 것으로 알려져 있으며, 특히 잘못된 피부 관리나 피부노화에 의해 복합성 피부의 특징을 보이게 되는 경우이다.

[특징]

① T존 부위에 유분기가 많고 다른 부위는 건조하므로 세안 후 눈가나 뺨 등의 부위가 심하게 당긴다.

② 피곤하거나 스트레스를 받을 때 여드름이 발생 할 수 있다.

③ 눈가에 잔주름이 많이 나타난다.

④ 광대뼈 부분에 기미가 나타나기 쉽다.

⑤ 화장품에 의한 여드름 형성이 잘 나타난다.

⑥ 피부에 맞는 기초 화장품의 선택이 어렵다.

⑦ 화장이 고르게 받지 않는다.

[원인]

① 피부의 수분 부족

② 유·수분의 불균형

③ 심한 기온변화

④ 수면부족이나 신경과민 등 정신적, 육체적 요인

(5) 민감성 피부(sensitive skin)

① 연령이나 피부타입과 관계없이 외부 자극에 대한 저항력이 약하고 피부가 화학적, 역학적 반응에 예민한 피부유형을 말한다.

② 원인과 반응은 개인차가 있으므로 어떤 반응에서 민감한지 정확히 판단하기 힘든 경우가 많으나 심리적, 정신적 요인과 매우 큰 연관성을 가지기도 한다.

[특징]

① 환경 변화에 예민하여 일반 피부에 비해 쉽게 반응을 일으킨다.

② 피부 조직이 섬세하고 얇다.

③ 피부 표면이 투명하다.

④ 모공이 거의 보이지 않는다.

⑤ 피부 입자가 섬세하고 조밀하다.

⑥ 피지 분비량이 고르지 못한 복합성 피부 상태인 경우가 많다.

⑦ 표정에 의한 피부 주름이 일시적으로 잘 나타난다.

⑧ 모세혈관이 피부 표면에 잘 드러나 보인다.

⑨ 추운 곳에서 갑자기 따뜻한 곳으로 들어오면 붉어지고 가렵다.

⑩ 모세혈관이 피부 표면에 잘 드러나 보인다.

⑪ 약품이나 화장품에 민감한 반응을 잘 나타내어 피부 부작용을 자주 일으킨다.

⑫ 피부 건조화가 쉽게 이루어져 피부 당김이 심하다.

⑬ 피부 색소침착 현상이 쉽게 나타난다.

[원인]

① 계절의 변화에 따른 요인

② 임신, 갱년기, 월경주기 등의 요인

③ 정신적 스트레스, 과로, 불안, 수면부족 등의 요인

④ 진통제, 신경안정제, 호르몬제 등의 의약품

⑤ 음식물에 의한 알레르기 체질

⑥ 화장품, 향료, 알코올 등에 의한 접촉성 피부염

⑦ 심한 자외선으로 인한 예민화

⑧ 유전적으로 피부 저항력이 약하고 트러블이 잘 나는 경우

2. 문제성 피부

(1) 여드름 피부

① 얼굴, 목, 가슴, 등, 어깨 등에 막힌 모공(개방 면포와 폐쇄 면포), 뾰루지, 깊은 종기(낭종 또는 결절) 등이 발생하는 염증성 피부질환이다.

② 10대에서 20대 사이에 여드름이 많이 생기나, 최근에는 나이와 상관없이 공기오염, 약물남용 등으로 옛날보다 여드름이 나는 연령층이 매우 넓어지고 있다.

③ 적절한 치료를 치료하지 않을 경우 영구적인 흉터를 남길 수 있다.

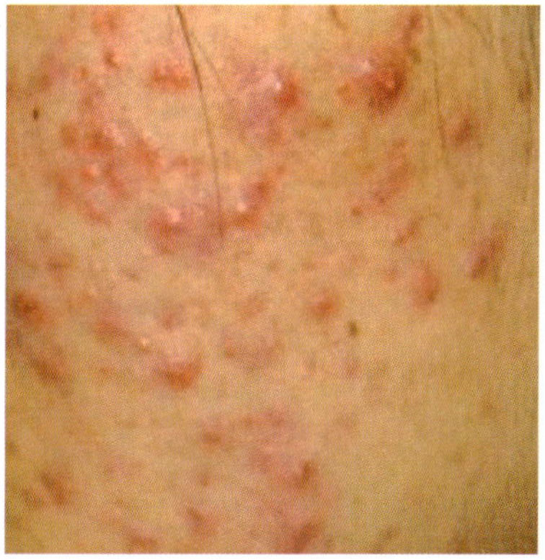

그림 1–2 여드름 피부

[특징]

피부는 물과 피지가 유화된 촉촉한 막으로 형성되어 있다. 물이라는 것은 땀속의 수분이고, 피지는 피지샘에서 자연 분비되는 피지를 말한다. 이 수분과 유분의 섞임 상태에 따라 피부상태가 변화되며 피지의 분비가 많으면 지성피부, 피지의 분비가 적으면 건성피부, 적당하면 정상피부 등의 피부 유형으로 구분될 수 있다.

여드름이 지성피부를 가진 사람들에게서 생기기 쉽다고 하는 것은 피지샘에서 분비되는 피지의 분비가 많으면 각질층의 세포에 피지가 많아져서 세균이 증식하기 쉽기 때문이다. 또 모공이 좁아져 막히기 쉬워지는데 모공이 막히더라도 피지의 분비량은 줄어들지도 억제되지도 않고 계속 분비된다. 그렇게 밖으로 나오기 어려워진 피지에 세균이 엉겨붙어서 여드름이 생기게 된다.

여드름은 털주머니(모낭)에서 생기는 염증이라고 해서 모낭염이라고도 한다. 여드름은 주로 사춘기의 남녀에게 많이 나타나며 얼굴이나 가슴 등 피지샘이 많은 부위에 일어나는 급성염증질환이며 염증을 일으키고 있는 피부 주변의 진피에도 2차적인 급성 또는 만성 염증성 변화를 일으킨다. 그러나 독립된 피지샘에서도 여드름은 생길 수 있다.

여드름 피부의 특징은 다음과 같다.

① 과다 피지로 인한 번들거림
② 과각질로 인한 거친 피부결
③ 큰 모공, 블랙헤드, 여드름으로 피부가 지저분해 보임
④ 홍조나 열감을 동반 할 수 있음

[원인]

여드름이 처음 발생하는 부위는 털이 나 있는 모공의 부위이다. 모공에는 피지샘(sebaceous gland)이 있어서 평소에는 이곳에서 분비되는 피지(sebum)가 피부에 천연의 윤기를 주지만, 필요 이상으로 많이 분비될 경우에는 좁은 모공의 출구가 막혀 고이게 되므로 여드름이 발생하게 되고 또한 지방이 부패되기 시작하여 여드름이 악화되기도 한다.

그러므로 여드름은 털이 나 있는 곳이라면 여드름이 발생하기 쉬운 조건을 갖고 있다. 보통 남자와 비교할 때 여자의 여드름은 그다지 심하지 않으므로 몸에 발생한다 하더라도 등 부분 정도이고 대부분은 피지샘이 많은 얼굴에 발생한다. 피지의 분비가 많아지는 원인은 호르몬 분비의 불균형이 대부분이지만 세균, 유전, 식품, 변비, 스트레스 등이 원인이 되기도 한다.

[생성과정]

여드름이 생기는 기간은 약 4개월 정도 걸린다. 이 4개월 동안 여드름을 빨리 발견하고 적당한 조치를 취하면 악화되지 않고 여드름 흉터도 남지 않게 된다.

수행 Tip

여드름의 등급

– 필즈버리 박사가 사용했던 여드름의 4등급

① 1등급 (면포성 여드름)

여드름의 초기 단계로 모공이 막히거나 각질이 쌓여서 과잉 생산된 피지가 피부 밖으로 나오지 못하고 모낭에 고여 있는 상태이다.

처음 시작하는 여드름은 흰색의 알갱이로 보통 '**흰색면포**' 또는 '**화이트헤드**' 라고 부른다. 이 가운데 내용물의 일부가 모공을 통해 피부 표면으로 나오면 공기와 접촉하여 검은색이 되고, 이를 '**검은색 면포**' 또는 '**블랙 헤드**' 라고 부른다.

사람에 따라서 호전되거나 더욱 악화될 수 있으나 보통은 심각한 상태로 발전하지 않는다. 이 단계에서는 잘 관리해주면 염증 발전을 억제할 수도 있으나 2차감염 또는 여드름균의 증식에 의해 화농성 여드름으로 발전할 수 있으므로 세심한 주의가 필요하다.

② 2등급(구진성 여드름)

비염증성 단계로서 흰 여드름이 얼굴 전체에 분포되어 있다.

이때의 여드름은 주의해서 관리하지 않으면 여드름 균이 번식되어 염증 반응이 생기면서 붉은 여드름이 나타나는데 이를 **구진**이라 하며 적절한 관리가 되지 않으면 흉터가 생길 수 있다. 이 단계에서는 적극적인 관리를 통해 감염을 예방하는 것이 중요하다.

③ 3등급(화농성 여드름)

붉은색 여드름의 염증반응이 더 심해지면서 화농성 여드름이 되어 내부의 고름주머니가 생기는데 이를 **농포**라 하며 흰 여드름과 검은 여드름을 비롯하여 구진과 농포 등이 얼굴전체에 분포되어 심각한 상태이다.

농포를 잘못된 방법으로 비위생적으로 처치하면 여드름의 내용물 뿐 아니라 피부도 함께 탈락되어 나와 심한 흉터를 남길 수 있다.

④ 4등급 (결절성 여드름)

가장 심각한 여드름 상태를 나타낸다.

고름 주머니가 피부 안에서 터져 여드름 환부 주변에 더 많은 염증을 유발시키는데 이를 **결절**이라 한다. 염증이 진피까지 파고 들어간 시기로 결절 외에도 염증성 여드름인 구진, 농포와 낭종 등이 피부 깊이 자리 잡고 있기 때문에 전문적인 치료를 요하며 그 시기도 장기화될 수 있다.

치료 후에도 피부에 파인 듯한 흉터를 남긴다.

[종류 및 특징]

상태별 분류는 여드름 병변에 따른 분류로 크게 비염증성 여드름과 염증성 여드름, 심상성 여드름, 전격성 여드름, 응괴성 여드름, 켈로이드성 여드름으로 나눌 수 있으며 다시 염증성 여드름은 그 진행 상태에 따라 구진, 농포, 낭포, 결절로 나눈다.

(가) 비염증성

① **면포**(micor-comedo) : 피지의 과잉분비로 인해 피지막이 정상보다 두꺼워져 모공이 막히기 직전의 단계이다. 피지, 각질세포, 박테리아가 서로 엉켜서 모공의 출입을 막아 형성된다.

② **흰색 여드름**(white-head) : 모낭이 폐쇄된 면포(closed comedo)로 피부 표면에 하얗게 돋아난 알갱이처럼 보인다. 주로 뺨과 이마에 나며 피지 분비량이 많아지면서 각질과 피지가 정체되어 생성된다.

③ **검은색 여드름**(black-head) : 약한 증상으로 피부 표면으로 올라와 입구가 열려있는 개방성 면포(open comedo)로 지성 피부에 동반한다. 표면이 검은 이유는 멜라닌 색소의 침착과 피지의 산화 때문이다.

(나) 염증성

① **구진**(papule) : 피부의 표면으로 솟은 농을 포함한 직경 1cm 미만의 작은 융기이다. 암적색이며 크기는 다양하고 장기적으로 지속되며 압통을 동반하는 경미한 염증이다. 비염증성 병변과 염증성 병변의 중간 형태이며 색조는 붉지만 농은 없다.

② **농포**(pustule) : 경계가 뚜렷하고 단단한 돌출 부위로서 크기는 1cm 미만이며 만지면 통증을 수반한다. 모낭 벽이 파괴된 후 진피내로 고름이 들어간 상태이며 구진 및 면포 주위에 호발한다. 황색의 둥근 농포로 농을 포함하나 박테리아 등 세균은 없다.

③ 결절(nodule) : 구진과 같은 형태이나 구진보다 더 크고 단단하며 피부 깊숙한 곳에 위치하고 있지만 겉으로 솟아 보이기도 한다. 고름이 심해져서 모낭 아래 부분이 파열된 상태이며 상대적으로 피부 깊숙이 위치하며 통증을 동반한다. 여드름 흉터를 남길 확률이 매우 높다.

④ 낭포(cyst) : 모낭의 염증이 진피에서 파괴되어 넓고 깊게 부풀어 오르면서 딱딱하고 단단한 덩어리를 형성한다. 통증이 있으며 심한 화농으로 치료가 어렵다. 피부 세포 파괴로 영구적인 흉터가 생길 수 있으며 진피층에 위치하고 있다. 심한 통증을 수반한다.

(2) 색소침착 피부

① 멜라닌 색소 침착으로 피부톤이 고르지 못하고 얼굴에 부분적으로 얼룩진 상태이다. 색소침착은 크게 과색소침착과 저색소침착으로 나눈다.

② 색소가 과침착 되어 나타나는 형태에 따라 기미, 주근깨, 갈색 반점 등으로 분류하며 색소가 부족하여 나타나는 형태에 따라 백색증과 백반증으로 분류 할 수 있다.

수행 Tip

과색소 침착과 저색소 침착

① 과색소 침착

과다색소침착은 일반적으로 피부나 손발톱, 구강이나 비강을 둘러싸고 있는 점막 등에 멜라닌 증가에 의하여 발생한 과다색소침착을 말한다.

② 저색소 침착

피부의 색깔은 멜라닌, 혈관 분포의 혈색소, 각질층의 두께, 카로틴 등에 의해 좌우되며 이 중 멜라닌이 주된 역할을 한다. 주위 피부에 비해 상대적으로 피부 멜라닌이 부족할 때 색소침착 저하증이 생길 수 있다.

1) 기미 (melasma, chloasma)

① 자외선을 받게 되면 색소형성세포에서 만들어진 검은 색소인 멜라닌(melanin)이 신진대사에 의해 피부표면으로 움직여 피부색이 짙어지게 되는데 이 과정에 이상이 생겨 과잉색소 침착이 일어난 것을 '기미(melasma or chloasma)' 라고 한다.

② 주로 좌·우 대칭적으로 뺨과 이마, 눈밑, 윗 입술에 멜라닌 색소가 침착된다.

③ 유전적 혹은 체질적인 요소에 의해 발생한다고 보고되고 있다. 많은 경우 임신 혹은 경구 피임약의 복용 후 발생하며 그 외에는 태양광선에 대한 노출, 내분비 이상, 유전인자, 약제, 영양 부족, 간기능 이상 등이 악화 인자로 작용한다.

[종류]

기미는 간반, 자궁반, 임신반 등으로 분류한다. 즉, 임신 중일 때 MSH (색소세포 자극 호르몬)가 과잉분비되어 생기는 것을 임신반이라고 한다. 또 여성 생식기 질환으로 인해 여성호르몬 분비가 증가되어 생기는 기미를 자궁반이라 하고 간장기능이 좋지 않아 생기는 기미를 간반이라 하는데 이러한 기미의 생성을 촉진시키는 것은 자외선이다. 임신반은 출산을 하면 대부분 없어지나 자궁반이나 간반은 나빠진 기능이 정상으로 돌아와야만 하므로 치료가 어려운 편이다.

[원인]

① **내분비계의 원인** : 임신을 하면 난소의 황체로부터 황체호르몬(progesterone)이 나오는데 이 호르몬이 피부를 자외선에 과민하게 반응하게 하거나, 멜라닌색소세포 자극 호르몬(melonocyte stimulating hormone, MSH)을 뇌하수체(hypophysis)로부터 나오게 하여 기미가 생기게 된다.

② **자외선** : 자외선은 피부에 멜라닌을 생성하게 하는데 젊을 때는 신진대사

가 활발하여 2주 정도면 기저세포에 있던 멜라닌세포가 각질의 표면으로 이동하게 되고 2주가 지나면 각질층에서 떨어져 나가게 된다. 따라서 1개월이 지나면 피부색이 자연스럽게 엷어지게 되어 원래의 피부색으로 돌아오게 된다. 그러나 나이가 들어 신진대사가 둔화되면 이러한 회복력이 약해지게 되어 멜라닌 색소가 고정되어 대부분 기미로 남게 된다.

③ **정신적인 불안과 스트레스** : 스트레스 상황하에서 뇌하수체에서 분비되는 멜라닌 세포자극 호르몬(MSH)이 평상시보다 많이 분비되어 멜라닌 세포(melanocyte)를 자극하여 피부의 멜라닌 색소의 형성을 활발하게 한다.

[관리방법]

① **멜라닌 색소의 배설 촉진** : 정기적인 피부관리를 이용하여 신진대사를 높이고, 모세혈관의 활동을 활발하게 함으로써 표피의 각화작용을 촉진시켜 멜라닌을 체외로 배출하는 시간을 촉진시킨다.

② **멜라닌 색소의 생성 저지** : 비타민 C는 멜라닌의 생성에 작용하는 티로시나아제의 활동을 억제하여 멜라닌 생성을 저지시킨다.

③ **멜라닌 색소의 표백** : 피부 표면의 멜라닌 색소 표백에는 단백분해효소에 의한 각질층의 제거법, 피부 표면과 체내를 표백하는 환원표백법, 하이드로퀴논, 모노벤질에틸, 유황 등을 사용하여 산소를 이용하여 표면을 표백하는 산화표백법 등이 있다.

2) 주근깨 (freckles, ephelides)

① 햇빛에 노출된 부위의 피부에 주로 생기는 황갈색의 작은 색소성 반점을 말한다.

② 황갈색의 작은 색소성 반점들이 코, 뺨, 손등, 앞가슴과 같이 햇빛에 노출되는 부위에 산재되어 나타난다.

③ 주근깨의 색깔은 햇빛의 양과 밀접한 관계가 있는 탓에 겨울철과 같이 햇빛이 약한 시기에는 연한갈색이나 눈에 잘 뜨지 않는 흐린 색으로 존재하다가 여름철에 햇빛을 많이 받게 되면 짙은 갈색의 뚜렷한 색깔로도 변화한다.

(3) 노화 피부

① 피부 노화란 피부가 나이가 듦에 따라 제 기능을 상실한다는 것을 말한다.

② 피부노화가 시작되는 시기는 인간의 신체 기능의 발달이 종료되는 시기(약 25세 전후)부터 피부는 노화과정을 겪게 된다.

유아와 노인의 피부 비교

[특징]

(가) 표피 조건과 상태

① 피부의 부드러움과 유연성이 부족하다.

② 피지 분비량이 많지 않아서 피부 표면이 메말라 보이며 윤기가 없다.

③ 주름살이 나타난다.

④ 피부가 늘어진다.

(나) 진피 조건과 상태 : 노화 피부는 진피층 세포의 증식력 저하 외에도 진피층에 함유되어 있는 콜라겐이나 엘라스틴 같은 결합 조직들의 모습을 관찰해 보면 섬유조직 내의 보습량이 낮으며, 엘라스틴 섬유 조직도 탄력과 신축성을 잃은 상태이다.

(다) 근육 조직 조건과 상태 : 피부층 아래의 근육 조직은 피하지방층과 함께 피부에 대하여 매우 중요한 충격흡수 기능을 담당해 주고 있는데, 이러한 기능으로 인하여 피부층의 형태를 보완해 주게 된다. 특히 진피층 세포의 손상으로 인하여 피부가 노화 상태를 나타내는 사람의 경우 근육조직 또한 빈약하다는 사실을 발견하게 되는데, 그것은 진피층 세포를 약화시키는 여러 요인들이 근육조직에까지 영향을 미치기 때문이다.

[특징]

① **자외선(광노화)** : 만성적인 자외선의 영향을 입게 되면 피부가 건조해지면서 점차 거칠어지고 외관상 색이 검고 거친 감촉으로 깊은 주름이 생긴다. 이러한 현상을 자연적 노화와 구별하기 위하여 광노화라 부른다. UVA 는 다량으로 조사되는 경우 급성반응을 일으킬 수 있으며 장시간 많은 농도의 조사시 그 위험성이 높다고 알려져 있다. 자외선을 많이 쏘이면 피부 진피층의 콜라겐 생산이 감소하여 진피가 얇아지고 탄력섬유의 변성으로 피부의 탄력이 줄어들어 주름이 생긴다. 이러한 변화는 자외선을 조사한 양과 시간에 비례하기 때문에 썬탠을 하거나 자외선을 많이 받으면 피부노화가 빨라지게 된다.

② **유해산소** : Free Radical(유해산소)이란 세포를 손상시키는 매우 불안정한 분자로 피하지방에서 생성된 이 물질이 세포를 파괴하여 노화를 촉진시키게 된다.

③ **피부건조** : 한선의 수분과 피지선의 피비분비가 감소하고 과도한 바람과 지나친 열(예 : 사우나)에 노출되어 피부 건조현상이 주름의 형성을 촉진시킨다.

④ **흡연** : 새로운 피부 형성을 위해 늙은 피부는 MMP라 불리는 효소로 분해해서 콜라겐을 형성하는 섬유를 파괴하는데 담배연기에 노출된 피부세포는 정상 피부세포보다 훨씬 많은 MMP를 만들어 새로운 콜라겐이 약 40% 정도 적게 만들어져 피부에 많은 주름을 형성시키게 된다.

(4) 모세혈관 확장 피부

① 피부의 혈관, 즉 세정맥이나 세동맥 등의 모세혈관이 피부표면 가까이 확장된 것을 말한다. 피부가 매우 얇은 예민 피부가 태양, 자극제, 사우나, 스팀과 같은 자극적인 환경에 만성적으로 노출될 경우에 해당된다.

② 진피에 존재하는 혈관이 생리적인 변화에 의해서 확장되는 것이 아니라 병적인 원인에 의해 확장되거나, 한번 늘어난 혈관이 다시 수축되지 않고 확장된 상태로 있는 것을 의미한다. 이때 혈관은 주로 세정맥(가는 정맥)이며, 때때로 모세혈관과 동맥일 수도 있다.

[특징]

① 표피가 매우 얇고 털이 무척 가늘어 열려 보인다.
② 피부에 당김이 느껴진다.
③ 달아오르는 느낌이 잘 나타난다.
④ 추위에 쉽게 푸르게 되고, 더운 곳에서 잘 달아오른다.
⑤ 겨울철에는 혈관기능이 약해지고 혈액순환이 나빠져서 혈액이 한곳에 모이는 울혈상태가 나타난다.
⑥ 일시적으로 붉어지는 현상이 반복되다가 계속 지속된다.
⑦ 점차적으로 붉은색이 자주색으로 변하게 된다.
⑧ 코와 뺨 부위에 뚜렷한 경계 없이 홍조가 생긴다.

[원인]

(가) 내적인 요인

① 자율신경의 영향
② 호르몬의 불균형
③ 비타민 부족
④ 교감, 부교감 신경계의 지나친 활성

⑤ 스트레스 등의 정서적 불안

⑥ 임신이나 경구 피임제, 부신피질 호르몬제, 에스트로겐

⑦ 스테로이드 제제의 내복

(나) 외부 환경요인

① 화학물질 감염증

② 방사선 조사, 수술 후나 외상

③ 바람, 강한 자외선, 심한 일교차

④ 실내외의 공기차

⑤ 담배, 자극적인 음식

⑥ 사우나

⑦ 여드름 연고의 장기적인 사용

(다) 잘못된 피부관리법

① 알콜이 많이 들어 있거나 자극적인 화장품의 사용

② 지나친 필링

③ 지나치게 자극적인 마스크나 마사지

학습 요약

1. 고객의 정의

① 상품과 서비스를 제공받는 소비자로서 피부미용실과 직·간접적으로 거래하는 관계 및 상호작용하는 모든 사람들을 지칭한다.

② 피부미용실의 운영 목적에 있어서 고객은 최고의 자산이며 사업의 파트너이자 투자자이다.

③ 고객은 가치 지향적이며 복합적인 감성을 가지고 있어서 세대의 변화처럼 항상 변하고 있다.

2. 고객요구의 변화

① 의식의 고급화 : 물적 서비스보다 인적 서비스의 질을 중요하게 생각하고 자신의 가치에 합당한 서비스를 요구한다.

② 의식의 복잡화 : 고객의 유형이 복잡화되어 요구가 많아지고 불만 형태도 다양해졌다.

③ 의식의 존중화 : 존중과 인정에 대한 욕구가 많아지면서 최상의 서비스를 요구한다.

④ 의식의 대등화 : 경제 성장과 물질 풍족으로 서로 대등한 관계를 형성하려는 상황에서 갈등이 발생한다.

⑤ 의식의 개인화 : 특별한 고객으로 대우받고 싶어하며 스스로를 특별한 고객이라고 생각하는 경향이 높아졌다.

3. 고객의 구매 전 행동

① 문제인식→ 정보 탐색 → 대안평가

② 만족도가 높거나 고관여 고객은 구매의사 결정 과정에서 평가단계가 생략되고 구매행동으로 이어진다.

4. 고객의 구매의사 결정 과정

문제인식 ⇒ 정보 탐색 ⇒ 평가 ⇒ 구매 ⇒ 구매 후 행동

5. 상담의 정의

① 고객 방문 목적과 동기, 성격 등 다양한 질문과 응답을 활용하여 고객의 문제점과 욕구를 정확하고 신속하게 확보하여 고객의 성장과 변화에 도움이 되는 것을 목표로 한다.

② 이해와 배려로 인간적인 유대관계를 바탕으로 상담에 응해야 한다.

③ 내면과 외면적인 요구사항을 전문적인 지식을 통해 정리하여 고객에게 설명하고 납득·이해시킨다.

6. 효과적인 상담 방법

① 공감적 경청을 한다.

② 긍정적 부분을 중심으로 표현한다.

③ 개방형 표현을 사용한다.

④ 완곡한 표현을 사용한다.

⑤ 쿠션화법을 사용한다.

⑥ 신뢰화법을 사용한다.

⑦ 상황에 따라 맞장구 표현법을 사용한다.

7. 고객의 기본 심리

환영기대 심리, 독점 심리, 우월 심리, 모방 심리, 보상 심리, 자기본위 심리, 존중기대 심리

8. 충성고객 관리 (기존고객 관리)

파레토의 원칙(Pareto Principle) 또는 80 : 20의 법칙으로 전체 수익 중 80%는 20%(충성고객, 단골손님)가 책임진다.

9. 고객의 불평·불만을 대하는 마음가짐

① 진지한 표정, 죄송스런 자세

② 인내심을 갖고 경청하기

③ 솔직히 사과하기

④ 고객의 불만 신속처리

10. 고객응대 서비스 지침

① 고객 스스로가 선택한 상품이 되도록 하라.

② 고객의 얼굴과 이름을 기억하라.

③ 고객의 이야기에 귀를 기울여라.

④ 서비스 지식을 완전히 습득하라.

⑤ 先 단점, 後 장점 설명화법을 사용하라.

11. 고객응대 3S 원칙

스피드 (Speed), 스마트 (Smart), 스마일 (Smile)

12. 고객 응대의 기본 원칙

균일성·공평성의 원칙, 신속성의 원칙, 고객중심의 원칙

13. 고객이탈 방지를 위해 알아둬야 할 점

① 파레토의 원칙(Pareto Principle) 또는 80:20 법칙으로 매출액의 80%는 20%의 단골손님에 의해 발생하며 80%의 고객불만이 20%의 제품 때문에 발생한다.

② 고객 불만에 대한 적절한 조치는 신뢰와 만족도를 향상시킬 수 있다.

③ 효과적인 불평사항 처리 서비스는 고객유지에 중요한 역할을 한다.

14. 고객불만 표출 유형

① **소극적** : 불만족이 발생해도 침묵하는 유형으로 부정적 구전 가능성이 있고, 구매중단 가능성이 높다.

② **표현형** : 직접 불만족을 표현하며 필요한 경우 보상도 요구한다.

③ **분노형** : 그 상황에서 분노하고 직원에게 직접 화를 표출한다.

④ **적극형** : 불만 요인을 찾아 불매운동 혹은 법적 행동을 취한다.

15. 유·수분에 따른 피부 유형

피부 유형은 분비되는 피지와 수분의 양에 의해 정상, 건성, 지성, 복합성, 민감성 등 다섯 가지 타입으로 분류할 수 있다.

① 정상피부란 피부조직의 모든 상태 뿐만 아니라 피부의 생리기능들이 모두 정상적인 활동을 하고 있는 가장 이상적인 피부를 뜻한다.

② 건성피부는 단순히 당김 현상의 불편함만 있는 것이 아니라 다른 피부타입보다 예민해지기 쉽고 주름을 동반한 노화가 빨리 진행되기 때문에 주의와 세심한 관리가 필요하다.

③ 지성 피부는 피지선과 한선의 기능 증가로 인해 문제성 피부로 발달하기 쉬우며 피지선의 크기와 그 활동성은 나이와 개인의 호르몬 분비량과 밀접한 관계가 있다.

④ 복합성 피부는 피지 분비량의 불균형으로 2가지 이상의 피부형태가 공존하는 피부 상태를 말한다.

⑤ 민감성 피부는 연령이나 피부타입과 관계없이 외부 자극에 대한 저항력이 약하고 피부가 화학적, 역학적 반응에 예민한 피부유형을 말한다.

16. 문제성 피부

① 여드름 피부는 얼굴, 목, 가슴, 등, 어깨 등에 막힌 모공(개방 면포와 폐쇄 면포), 뾰루지, 깊은 종기(낭종 또는 결절) 등이 발생하는 염증성 피부질환이다.

② 색소침착 피부는 색소가 과침착 되어 나타나는 형태에 따라 기미, 주근깨, 갈색 반점 등으로 분류하며 색소가 부족하여 나타나는 형태에 따라 백색증과 백반증으로 분류 할 수 있다.

③ 피부 노화는 피부가 나이 듦에 따라 제 기능을 상실한다는 것을 말한다.

④ 모세혈관 확장 피부는 세정맥이나 세동맥 등의 모세혈관이 피부표면 가까이 확장된 것을 말하며, 자극적인 환경에 만성적으로 노출될 경우와 병적인 원인에 의해 수축되지 않고 확장된 상태로 있는 것을 말한다.

학습 2

고객관리차트 작성하기

1201010201-14v2.2

학습목표

- 고객의 개인신상·건강상태·방문동기와 방문목적 등을 기록할 수 있다.
- 고객의 피부 문제 등을 피부유형 식별기준에 따라 고객관리차트에 기록할 수 있다.
- 생활환경에 대한 특성과 고객관리차트 작성결과를 토대로 피부관리를 계획할 수 있다.

1. 고객상담의 목적과 필요성

피부분석을 위한 고객 상담은 피부미용사가 해야 될 가장 어렵고도 중요한 과제이며, 올바른 피부관리를 하기 위해 시행하는 필수적인 과제이다.

고객 상담은 피부관리 시행 전 고객의 직업, 나이, 병력사항, 피부유형, 홈케어, 살롱 관리 주기, 기기사용 여부 등 개인신상에 대한 내용과 신체건강 및 피부에 관련한 사전점검을 뜻한다. 고객상담의 목적은 고객의 피부특징 및 상태를 면밀하게 파악하여 고객의 필요와 요구를 알아보고, 고객에게 올바른 피부관리

방법을 결정해 주는 데 있다. 따라서 피부유형에 따른 과학적인 피부분석 방법을 활용하여 고객마다 개별적이고 적절한 피부관리가 이루어져야 한다.

2. 고객상담의 방법

고객상담의 방법은 주로 고객의 방문을 통해 직접 면접과 전화, 인터넷 등을 통한 상담 방법으로 이루어지며, 피부관리에 대한 임상의 전문지식이 풍부할 수록 정확하고 원활한 상담업무를 수행할 수 있다. 상담을 통해 피부미용실을 방문하게 된 동기를 파악하고, 고객의 성격과 피부상태, 신체적인 특징 등을 파악한 후 피부관리 시 고객이 요구하는 사항에 대해 자세히 듣고, 요구사항을 잘 적용할 수 있도록 피부관리의 방법과 절차에 대해 충분히 설명한다.

1. 대화로 파악하기 (문진)

고객에게 질문을 통하여 필요한 자료를 얻는 방법으로 고객의 개인적인 사항 즉, 연령, 직업, 결혼유무, 가족력, 병력, 성격, 식생활 습관, 생활리듬 및 취미 등을 알아본다.

질문의 예 :

① 고객 성명

② 출생년월일 : 질문 시 좀 더 공손하게 물으며, 특히 실제 생일을 기재해 둠으로써 그 나이에 있을 수 있는 피부상태 파악과 문제 개선 및 관리내용 계획

③ 성별 : 남녀의 구분

④ 결혼 유무

⑤ 주소 : 이동시간 파악

⑥ 연락처 : 예약시간과 알림 등의 정보처리

⑦ 취미생활 : 피부에 영향을 미치는 요소

⑧ 직업 : 구체적으로 질문하며, 작업 시 화학물질 등을 취급하는지의 여부

⑨ 작업장의 환경 및 위생시설 등의 근무제반조건을 상세히 묻는다.

⑩ 첫 번째 관리일 : 관리시일에 대한 피부상태 파악

⑪ 콘택트 렌즈착용 유무 : 피부관리 시 착용 유무 파악

⑫ 피임약 복용유무 : 피부의 민감상태, 색소침착, 여드름 등의 관련 여부 파악

⑬ 생리 주기 : 피부상태의 관련요소

⑭ 필링 경험 : 피부의 민감도와 관리 순서 등과 관련성

(가) 건강상태 : 과거 혹은 현재 어떤 병력을 가지고 있는지, 즉 심장질환, 당뇨, 고혈압, 금속핀/금속판 삽입 여부, 임신, 간질, 갑상선 질환 여부 등 구체적으로 알아본다.

(나) 관리유형

① 가장 관리를 받고 싶은 피부의 문제점은 무엇인지, 여드름, 피부의 주름, 탄력성, 예민성, 피부의 당김여부 등 구체적으로 묻는다.

② 하루에 마시는 물의 양

③ 피부상태에 관한 질문 : 자외선, 태양광선에 민감한 정도 즉, 얼굴이 화끈거린다든지, 화상을 입어 물집이 생긴다든지, 또는 얼굴이 붉게 달아오르는지, 피부가 가려운지 등에 대해 자세히 질문한다.

④ 화장품 또는 음식물에 대한 알러지 여부

⑤ 기호식품 즉, 커피, 알코올, 차의 하루 섭취량, 담배의 흡연 여부와 양

⑥ 건강상태 및 의약품 복용여부 즉, 진통제, 항생제, 수면제 등의 장기 복용 및 호르몬에 영향을 주는 약 복용 등에 대해 알아본다.

⑦ 화장품 사용 : 고객이 현재 사용하고 있는 화장품을 파악하여 고객의 피부유형에 맞는 올바른 제품인지를 파악한다.

⑧ 식생활 습관 : 일상적인 식사방식, 섭취 음식의 종류, 식사량, 식사시간의 규칙성, 특히 야식이나 간식을 즐기는지 여부를 파악한다.

⑨ 성격 : 성격적인 요인이 피부에 영향을 미치므로 상담을 통하여 고객의 성격에 대한 정확한 파악이 중요하다. 대체적으로 소극적이고 예민하며, 신경질적인 사람일 경우 여드름 발생률이 높다.

⑩ 수면 습관 : 수면이 피부에 반영되므로 취침시간과 수면량에 대해 알아본다.

⑪ 스트레스 유무 : 고객의 스트레스 유무에 따라 피부에 미치는 영향이 크므로 그 원인을 파악하는 것이 바람직하다. 즉, 이성문제나 경제적 스트레스 여부, 가족 간에 심리적 갈등 등 대화를 통하여 알아보는 것이 좋다.

⑫ 운동 : 운동 전 기초화장, 운동 후 피부관리와 관리시간 등

2. 눈으로 관찰하기 (견진)

육안이나 확대경, 우드램프, 스킨스코프 및 피부관찰기를 통해 피부를 판별하는 방법으로 모공의 크기, 피부의 결, 투명도, 보습 상태 등을 분석하고 피부유형, 피부의 보습 상태, 홍반, 모세혈관, 사마귀, 모반(점), 여드름 등 전반적인 피부외관 등을 관찰할 수 있다.

- 피부색 : 멜라닌, 헤모글로빈, 카로틴에 의한 피부색을 관찰한다.
- 피지분비상태 : T존과 U존의 피지분비 상태를 체크한다.
- 보습 상태 : 표피성 수분 부족인지 진피성 수분 부족인지 체크한다.
- 피부 두께 : 피부가 두꺼운지, 얇은지, 알맞은지 등을 체크한다.
- 피부결 : 피부결의 상태를 관찰한다.
- 색소침착, 색소부족 : 주근깨, 기미, 노화반점, 모반, 자외선 노출 등 과색소와 백반, 백납 등 저색소를 관찰한다.
- 여드름 상태 : 여드름 유무, 진행정도를 체크한다.
- 예민도 : 모세혈관 확장, 자극에 대한 반응도 등을 파악한다.

3. 만져서 관찰하기(촉진)

손의 촉감으로 만지거나 눌러봄으로써 자극에 대한 민감도, 피부의 탄력도, 부드러움이나 거침, 피부의 두께, 유분의 함량 등을 판단할 수 있다.

① **탄력성** : 탄력도는 진피의 콜라겐, 엘라스틴 상태와 근육상태에 따라 달라진다.
② **피부 두께** : 피부를 집어 보고 두께를 체크한다.
③ **피부결** : 피부를 만져 보고 피부결을 체크한다.
④ **보습 정도** : 피부의 수분함유 정도를 손으로 체크한다.
⑤ **예민도** : 손이나 투명 스파튤라 등 도구로 가볍게 눌러보아 민감정도를 체크한다.

4. 기기로 분석하기

(1) 확대경(Magnifying Lamp)

육안으로 판별하기 어려운 피부의 상태를 확인하기 위해 확대경을 사용한다.

일반적으로 3~5배율 확대 램프를 사용 시 고객의 눈에 아이패드를 덮어 눈을 보호하도록 한다.

그림 2-1 확대경

(2) 우드램프(Wood Lamp)

자외선을 이용하여 피부상태를 분석할 수 있는 기기이다. 색조침착, 여드름, 염증, 피지, 각질 및 피부의 건조

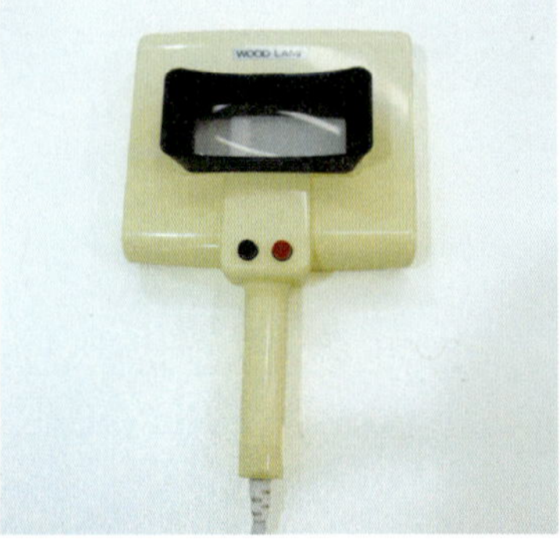

그림 2-2 우드램프

상태에 따라 다른 색상으로 나타나는 피부분석기로 육안으로 보이지 않는 피부의 문제점을 확인할 수 있다..

(3) 디지털 피부분석기(Micro Scope)

피부와 두피, 모발을 80~200배 확대하여 모니터를 통해, 수분, 유분, 민감, 피지, 주름, 색소침착, 피부두께, 모공, 두피 상태, 모발 상태 등 정확한 피부상태의 분석으로 고객과 공유할 수 있다.

수행 Tip

피부의 분석평가 시 주의사항

- 피부분석 전에는 반드시 피부미용사의 손을 씻거나 소독한다.
- 반드시 얼굴 클렌징이 끝난 후에 실시한다.
- 확대경이나 우드램프를 사용할 때는 세안 후 젖은 아이패드로 눈을 덮은 후 관찰한다.
- 질문은 가급적 고객이 편안하게 느껴지도록 전달되는 대화를 한다,
- 피부분석 후에는 피부분석 차트를 작성하며, 분석 평가결과를 고객에게 구체적으로 설명한 후 관리방법을 제시한다.
- 가정에서의 피부손질 방법과 사용할 화장품을 올바르게 선정하여 추천한다.

3. 고객관리차트 작성하기

① 상담하는 동안 차트를 작성해야 하며, 고객의 답변 후에 기록한다.

② 상담은 고객과 피부미용사 간에 신뢰를 바탕으로 이루어지며, 타인에게 절대로 고객 정보를 공개하면 안 된다.

③ 고객관리 차트는 피부분석 평가 및 피부관리 계획, 집에서의 관리조언 등 구체적인 사항을 기록한다.

④ 병원에서 치료했던 병명, 내과적 복용한 투약 등에 대한 기록은 정확한 피부분석 평가와 적절한 피부관리 계획 시 필요하므로 구체적으로 기재한다.

⑤ 고객 관리 후 다음 예약일, 화장품 판매 등에 대한 자세한 내용을 기록한다.

⑥ 집에서의 추후관리도 자세히 조언한 내용을 기록한다.

⑦ 기록카드는 깔끔히 정리하도록 한다. 이는 향후 다른 피부미용사가 상담 시 차트내용을 참조할 수 있게 하기 위함이다.

[고객 신상 및 피부분석 카드 1]

병력 및 특이사항			
심장병	☐	인공 심장기	☐
혈 압	☐	당 뇨	☐
간 질	☐	알러지	☐
피부병	☐	최근수술여부	☐
임 신	☐	기 타	☐

방문일자		관리사명	
고객성명		생년월일	년 월 일 ( )세
주 소			
연락처		직 업	
성 별	남☐ 여☐	결혼여부	
혈액형			
방문목적			

생활습관	활동량	☐ 많음 ☐ 보통 ☐ 적음
	식습관	☐ 규칙적 ☐ 불규칙적 ☐ 열량과잉
	음 료	☐ 물 ☐ 기타 ( )
	술	☐ 전혀안함 ☐ 약간 ☐ 보통 ☐ 많음
	담 배	☐ 전혀안함 ☐ 약간 ☐ 보통 ☐ 많음
	수 면	☐ 충분함 ☐ 보통 ☐ 부족함
	운동종류	☐ 전혀안함 ☐ 약간 ☐ 보통 ☐ 많음
건강상태	알레르기	☐아토피 ☐만성알레르기 ☐화장품 ☐약물 ☐식품 ☐기타
	생리주기	☐ 규칙적 ☐ 불규칙적 ☐ 폐경
		생리 주기 및 날짜 :
	피 임	☐ 경구피임 ☐ 기타
	피부 질환	☐ 있음 ☐ 없음 ☐ 기타
	병 력	☐ 저혈압 ☐ 심장질환 ☐ 간질 ☐ 당뇨병
스트레스상태		☐ 높음 ☐ 낮음 ☐ 없음
피부관리 상태	고객의 사용제품	
	피부관리 경험 여부	

피부유형	유분상태	☐ 부족 ☐ 정상 ☐ 과다	최종판정	☐ 정상
	수분상태	☐ 부족 ☐ 정상 ☐ 과다		☐ 건성
	피부결	☐ 거침 ☐ 보통 ☐ 섬세함		☐ 지성
	모공크기	☐ 좁음 ☐ 보통 ☐ 넓음		☐ 복합성

피부상태 및 문제	여드름	☐ 흑색면포 ☐ 백색면포 ☐ 구진 ☐ 농포 ☐ 결절 ☐ 낭포 ☐ 발생부위 :
	색소침착	☐ 기미 ☐ 기타 : ☐ 발생부위 :
	주 름	☐ 깊음 주름 ☐ 기타 :
	민감도	☐ 둔감 ☐ 보통 ☐ 민감 ☐ 일시적
		☐ 자외선 ☐ 화장품 ☐ 만성적
	탄력도	☐ 나쁨 ☐ 보통 ☐ 좋음

[고객 신상 및 피부분석 카드 2]

개인신상	
성 명	역락처 :
생년월일	직 업 :

고객평가					
피지분비정도	☐ 정상	☐ 부족	☐ 과다	☐ 복합	
발생부위	이마 턱				
보습정도	☐ 부족	☐ 정상	☐ 충분		
피부혈색	☐ 부족 (빰)	☐ 정상	☐ 양호		
탁 력 도	☐ 부족	☐ 정상	☐ 양호		
민 감 도	☐ 부족	☐ 민감	☐ 둔감		
주 름	☐ 표피성	☐ 표정주름	☐ 깊음주름		
자외선 민감도	☐ I	☐ II	☐ III	☐ IV	☐ V
제거해야 할 털					

여드름(코메도)		섬유종	
구 진		사마귀	
농 포		상 처	
비립종		켈로이드	
주사비		과색소침착	
모세혈관 확장		저색소침착	
거미줄		모반(점)	
혈관종		다순포진	
기 타			

병력 및 특이사항	
심장병 ☐	인공 심장기 ☐
혈 압 ☐	당 뇨 ☐
간 질 ☐	알러지 ☐
피부병 ☐	최근수술여부 ☐
임 신 ☐	기 타 ☐

자가 관리 조언				
	오 전	저 녁	주 말	주요성분
클렌징 눈/입술 클렌저 클렌징 밀크 오일 토너/로션				
딥클렌징				
보습제 얼굴 눈 목 특수크림				
마스크 팩 얼굴 눈 목				

[고객 신상 및 피부분석 카드 3]

1. 고객정보

성　　명		생년월일	
직　　업		직　　업	
전화번호	집　　: 휴대폰 :	주　　소	집　　: 직　장 :
결혼여부	☐ YES　　☐ NO		
관리실 이용동기	☐ 잡지광고 ☐ 소개(소개하신 분) : ☐ 매장 ☐ DM ☐ 카달로그		

2. 개선하고 싶은 피부의 문제점은 무엇입니까? (복수 응답)

☐ 기미/검버섯	☐ 예민한 피부	☐ 블랙헤드
☐ 잔주름	☐ 깊은 주름	☐ 심한 건성
☐ 피부각질	☐ 눈가의 주름	☐ 여드름/뾰루지
☐ 늘어진 모공	☐ 탄력 없음	☐ 칙칙한 피부
☐ 눈네 뛰는 모세혈관	☐ 심한 지성	☐ 건조하여 갈라진 팔꿈치/무릎
☐ 셀룰라이트	☐ 등,가슴의 여드름	☐ 푸석푸석하고 부은 피부

3. 피부관리 시 어떤 강도를 원하십니까?

☐ 강함　　☐ 중간　　☐ 약함

4. 현재 사용하고 있는 제품은 어느 브랜드 입니까?

____

5. 피부관리를 받은 적이 있습니까?

☐ YES　　☐ NO

6. 어떤 종류의 피부관리를 받으셨습니까?

____

7. 기　타

1) 렌즈를 착용하십니까?　☐ NO　☐ YES
2) 알레르기가 있습니까?　☐ NO　☐ YES (알레르기 종류 :　　　)
3) 현재 복용 중인 약이 있습니까??　☐ NO　☐ YES (종류 :　　　)
4) 피부관리 시 주의해야 할 사항이 있다면 적어주십시오.

____

(계속)

<table>
<tr><th colspan="3">피부관리계획</th></tr>
<tr><td>클렌징 주요성분</td><td>제품타입 :</td><td>주성분 :</td></tr>
<tr><td>염색과 제모</td><td colspan="2">속눈썹 색 :
눈썹 색 :</td></tr>
<tr><td>딥 클렌징</td><td>디스인크러스테이션 ☐
브러시 ☐
스티머 ☐
여드름 추출 ☐</td><td>스크럽(엑스폴리에이션) ☐
효소 ☐
고마쥐 ☐
A.H.A ☐</td></tr>
<tr><td rowspan="2">미용기기</td><td>이온토포레시스 ☐
패러딕 ☐
초음파 ☐</td><td>진공흡입기 ☐
고주파 직접적 ☐
고주파 간접적 ☐</td></tr>
<tr><td colspan="2">관리목적 :</td></tr>
<tr><td>매뉴얼 테크닉
주요 성분</td><td colspan="2">Oil ☐ Cream ☐ Gel ☐
관리목적 :</td></tr>
<tr><td>마스크 주요 성분</td><td colspan="2"></td></tr>
</table>

피부관리의 주요 목적 :
고객 관리 계획 (총 관리 횟수와 관리주기) :
홈케어에 관한 조언 :

[고객 신상 및 피부분석 카드 4]

<table>
<tr><td colspan="2">고객성명 :</td><td colspan="2">생년월일 :</td></tr>
<tr><td colspan="4">주　　소 :</td></tr>
<tr><td colspan="2">전화번호 :</td><td colspan="2">핸드폰 번호 :</td></tr>
<tr><td colspan="4">병력과 부적응증</td></tr>
<tr><td colspan="4">• 심장병 □　• 당뇨병 □　• 혈압이상(고혈압 □, 저혈압 □)　• 간　질 □
• 혈전증 □　• 정맥류 □　• 피부질환 □　• 수술여부 □
• 알러지 □　• 기　타 □　• 금속판/ 핀 □　• 화장품 부작용 □</td></tr>
<tr><td colspan="2">신　장 :</td><td colspan="2">체　중 :</td></tr>
<tr><td colspan="4">현재 식이 습관 :
현재 운동 패턴 :
사용중인 화장품명 :
과거에 받은 전신관리 명 :</td></tr>
<tr><td colspan="4">화장품 처방(Cosmetics Prescription)</td></tr>
<tr><td>사용일시</td><td>화장품</td><td>관리</td><td>비고</td></tr>
<tr><td></td><td></td><td></td><td></td></tr>
<tr><td></td><td></td><td></td><td></td></tr>
<tr><td></td><td></td><td></td><td></td></tr>
<tr><td></td><td></td><td></td><td></td></tr>
<tr><td></td><td></td><td></td><td></td></tr>
<tr><td></td><td></td><td></td><td></td></tr>
<tr><td></td><td></td><td></td><td></td></tr>
</table>

[고객 신상 및 피부분석 카드 2]

개인신상			
성　　명	홍길순	역락처 :	010-0011-0008
생년월일	1955.1.15 (만 60세)	직　업 :	교 사

고객평가					
피지분비정도	□ 정상	□ 부족	□ 과다	■ 복합	
발생부위	이마 턱				
보습정도	■ 부족	□ 정상	□ 충분		
피부혈색	■ 부족 (빰)	□ 정상	□ 양호		
탁 력 도	■ 부족	□ 정상	□ 양호		
민 감 도	□ 부족	■ 민감	□ 둔감		
주　　름	■ 표피성	■ 표정주름	■ 깊음주름		
자외선 민감도	□ I	■ II	□ III	□ IV	□ V
제거해야 할 털					

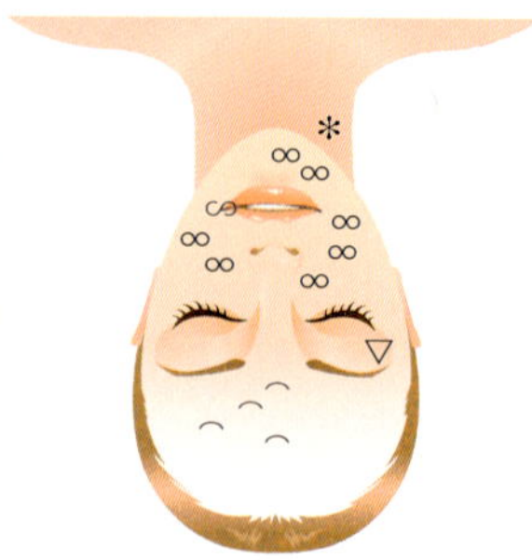

여드름(코메도)	∴	섬유종	*
구 진		사마귀	
농 포		상 처	
비립종	▽	켈로이드	
주사비		과색소침착	
모세혈관 확장	∞	저색소침착	
거미줄		모반(점)	
혈관종		다순포진	∽
기 타			

병력 및 특이사항	
심장병 □	인공 심장기 □
혈 압 □	당 뇨 □
간 질 □	알러지 □
피부병 ■ 단순 포진(입술)	최근수술여부 □
임 신 □	기 타 □
현재 내복양 복용여부 : 없음	
과거 치료여부 : 없음	

자가 관리 조언

	오 전	저 녁	주 말	주요성분
클렌징				
눈/입술 클렌저		○		
클렌징 밀크		○		루틴 - 아줄렌
친수성 오일	○	○		
토너/로션		○		
딥클렌징 (에스폴리에이션)			○	효소 에스폴리에이션 (파파인)
보습제				
얼굴	○			하이루론산
눈	○	○		루틴-아줄렌
목	○	○		히아루론산
특수크림		○		로얄젤리
마스크 팩				
얼굴			○	알로에 베라
눈			○	히아루론산
목			○	로얄젤리

비고 : 매일 손톱 각질관리를 위해 손톱표피에 보습크림을 말라 부드럽게 해준다.

피부관리계획	
클렌징 주요성분	제품타입 : 클린싱 밀크타입, 로션 주성분 : 루틴-아줄렌, 로즈 워터
염색과 면도	속눈썹 색 : 흑색 눈썹 색 : 갈색
딥 클렌징	디스인크러스테이션 □ 스크럽(엑스폴리에이션) □ 브러시 ■ 효소 ■ 스티머 ■ 고마쥐 □ 여드름 추출 □ A.H.A □
미용기기	이온토포레시스 □ 진공흡입기 □ 패러딕 □ 고주파 직접적 □ 초음파 ■ 고주파 간접적 □
	관리목적 : 안면근육 강화
매뉴얼 테크닉 주요 성분	Oil ■ Cream ■ Gel □ 목적 : 보습강화 및 탄력증진
마스크 주요 성분	제품 : 크림 마스크 성분 : 루틴-아줄렌 목적 : 모세혈관 확장으로 인한 모세혈관 강화 밀 피부진정

피부관리의 주요목적	1. 안면근육의 탄력강화 2. 모세혈관 탄력강화 3. 피부보습도 증진
고객관리 계획 (총 관리 횟수와 관리주기)	주 2회 * 6주간 관리
홈케어에 관한 조언	메니큐어- 손톱표피의 보습과 각질관리 메이크업- 안면의 모세혈관 확장부위의 camouflage 메이크업

학습 요약

1. 고객상담의 목적과 필요성

고객상담의 목적은 고객의 피부특징 및 상태를 면밀하게 파악하여 고객의 필요와 요구를 알아보고, 고객에게 올바른 피부관리방법을 결정해 주는 데 있다.

2. 고객상담의 방법

① 대화로 파악하기

고객에게 질문을 통하여 필요한 자료를 얻는 방법으로 고객의 개인적인 사항 즉, 연령, 직업, 결혼 유무, 가족력, 병력, 성격, 식생활 습관, 생활리듬 및 취미 등을 알아본다.

② 눈으로 관찰하기

육안이나 확대경, 우드램프, 스킨스코프, 및 피부관찰기를 통해 피부를 판별하는 방법으로 모공의 크기, 피부의 결, 투명도, 보습 상태 등을 분석하고 피부유형, 피부의 보습 상태, 홍반, 모세혈관, 사마귀, 모반(점), 여드름 등 전반적인 피부외관 등을 관찰할 수 있다.

③ 만져서 관찰하기

손의 촉감으로 만지거나 눌러봄으로써 자극에 대한 민감도, 피부의 탄력도, 부드러움이나 거침, 피부의 두께, 유분의 함량 등을 판단할 수 있다.

④ 기기로 분석하기

육안으로 판별하기 어려운 피부의 상태를 확대경, 우드램프, 디지털 피부분석기를 활용하여 정확한 피부상태를 분석할 수 있다.

3. 고객관리차트 작성하기

① 상담하는 동안 차트를 작성해야 하며, 고객의 답변 후에 기록한다.

② 상담은 고객과 피부미용사 간에 신뢰를 바탕으로 이루어지며, 타인에게 절대로 고객 정보를 공개하면 안 된다.

③ 고객관리 차트는 피부분석 평가 및 피부관리 계획, 집에서의 관리조언 등 구체적인 사항을 기록한다.

④ 병원에서 치료했던 병명, 내과적 복용한 투약 등에 대한 기록은 정확한 피부분석 평가와 적절한 피부관리 계획 시 필요하므로 구체적으로 기재한다.

⑤ 고객 관리 후 다음 예약일, 화장품 판매 등에 대한 자세한 내용을 기록한다.

⑥ 집에서의 추후관리도 자세히 조언한 내용을 기록한다.

⑦ 기록카드는 깔끔히 정리하도록 한다. 이는 향후 다른 피부미용사가 상담 시 차트내용을 참조할 수 있게 하기 위함이다.

고객응대하기

1201010201-14v2.3

학습목표

- 단정한 용모와 친절하고 예의바른 태도로 예의로써 고객을 응대할 수 있다.
- 고객의 방문목적에 따라 상담실과 작업실을 구분하여 안내할 수 있다.
- 위생관리 지침에 따라 피부미용 작업장 청소 및 소독 매뉴얼을 작성 할 수 있다.
- 고객의 피부관리에 대한 일정관리를 수립할 수 있다.

1. 미용서비스인의 기본자세

1. 직장이란?

학교가 지식의 습득, 인격 향상을 목적으로 한다면 직장의 주된 목적은 일을 통해 회사에 공헌하는 것으로 직장의 개념을 정리하면 다음과 같다.

직장은

① 일하는 장소이다. 직장은 일하는 곳으로 직장과 가정은 구분되어야 한다.

직장은
② 단체생활을 하는 사회집단이다.

직장은
③ 생활의 장(場)이다. 하루 중 가장 많은 시간을 보내는 곳이 직장이며 직장이 곧 생활이다.

직장은
④ 자기와 싸우는 전쟁터와 같다. 싸움 중에서 가장 힘든 싸움이 자기와의 싸움으로 자기 수련의 장이기도 하다.

직장은
⑤ 배우는 학교이다.

직장은
⑥ 봉사하는 곳이다. 훌륭한 서비스를 통하여 직장과 사회에 공헌하고 직장 동료 간 화합과 협조로 사회에 봉사한다.

2. 직장생활의 5대 원칙

① 상대방의 입장을 존중하라.

나보다는 상대방(고객, 원장, 상사, 부하, 동료, 거래처, 기타)의 입장을 더 존중하고 이해하며 주위 사람들에게 폐가 되지 않도록 행동하는 것이 제일 중요하다.

② 약속은 반드시 지켜라.

회사에 근무하는 것은 일종의 계약이므로 회사의 규칙을 준수해야 한다. 아무리 사소한 약속이라 하더라도 약속을 하였다면 꼭 지키고 실행하는 태도가 중요하다.

③ 인성이 좋은 사람이 되도록 노력하라.

④ 인간관계를 중요시 하라.

내부고객, 즉 상사, 선후배, 동료들을 우선적으로 만족시킨다. 피부미용은 인간관계를 통하여 이루어지는 직접적인 서비스 직종이다.

⑤ 고객만족 서비스를 최우선으로 염두해 두어라.

⑥ 정리, 정돈, 청소, 청결, 친절을 습관화 하라.

⑧ 역지사지를 명심하라. "모든 것은 뿌린 대로 거둔다."

"상대방의 단점보다 장점을 찾아 인정하는 자, 타인 중심의 사고를 가진 자, 상대방의 작은 수고에 칭찬을 아끼지 않는 자"가 성공한다.

"자기 직업에 충실하라, 그러면 그 직업이 당신에게 충실하리라"

3. 직장인의 마음가짐

직장은 계층과 연령이 서로 다른 사람들로 구성된 조직 사회이다. 출생, 성장 배경, 교육수준, 취미, 소질, 가치관이 각기 다른 이질적인 사람들이 모여, 공동의 목표 아래 서로 협력하여 조직적으로 일하는 곳이다. 또한 각자가 맡은 업무를 원활하게 수행하고 통괄하기 위하여 직위에 따라 상하로 종적인 관계를 맺어 질서 있는 생활을 영위하는 곳이기도 하다.

일반 사회 생활과 조직 사회인 직장 생활이 서로 다른 점은 직장에는 나름대로의 특유한 규범이 있으며 공동의 목표를 갖는다는 점이다. 따라서 개개인은 조직의 목표와 규범에 맞추어 자신의 특이성을 조화시켜야 하기 때문에 직장 사회에서 요구하는 예절은 더욱 엄격하다.

일반적인 예절이 인간으로서의 자기 관리와 사회인으로서의 대인 관계를 원만히 이루어 나가기 위한 것이며 직장 예절은 직장인으로서의 자기 관리와 대인 관계를 공동의 목표 성취를 위한 방향으로 이루어 나가기 위한 것이다.

직장 예절은 개인 예절을 바탕으로 한 가정 예절의 연장선상에 있으며, 따라서 직장 예절을 알기 전에 기본 예절과 가정 예절을 완전히 체득하고 있어야 한다.

수행 Tip

고객응대 시 주의사항

① 고객의 입장에서 생각하라.
② 고객의 마음에 들도록 노력하라.
③ 모든 고객을 공평하게 대하라.
④ 원만한 성격을 가져라.
⑤ 참아라.
⑥ 투철한 서비스 정신으로 무장하라.
⑦ 공사를 구분하라.
⑧ 전문가로서의 자신감을 가져라.
⑨ 늘 반성하고 개선하라.

4. 직장에서의 올바른 인간관계

① 언제나 상냥하고 부드러운 미소를 띤다.
② 정중하고 정확한 표현을 쓴다.
[예] 잘못 알아들었을 때 "네?"라고 되묻기 보다는 "죄송합니다만, 다시 한 번 말씀해 주시겠습니까?"라고 묻는다.
③ 자신의 부족한 면은 반성하고 상대방의 좋은 점은 칭찬하는 습관을 들인다.

④ 상대방의 약점을 들추거나 제3자에게 알리는 행동은 삼가한다.

⑤ 상대방의 의견을 존중하며 의견이 맞지 않을 때는 부드러운 방법으로 설명하여 설득시키거나 절충안을 찾는다. 자신의 의견이 받아들여지지 않더라도 채택된 의견에 승복하고 협력한다. "다음에 두고 보자"라는 식으로 마음 속에 감정을 쌓아두지 않는다.

⑥ 상대방의 입장에서 생각해 본다.

⑦ 선배나 상사의 꾸지람을 불쾌해하지 않는다.

⑧ 모든 일에 솔선수범한다.

(1) 상사와의 인간관계

① 상사에게는 존경심을 갖고 대한다.

② 상사에게는 자진하여 협력한다.

③ 상사의 성격에 맞추어 대하는 방법에 주의한다.

④ 상사의 충고는 감사하는 마음으로 받아들인다.

⑤ 상사와 대화하는 기회를 많이 갖고 친밀감을 갖는다.

⑥ 상사의 사적행동과 공사를 구분해야 한다.

⑦ 언제나 밝고 명랑하게 행동한다.

(2) 선배와의 인간관계

① 선배에게는 풍부한 경험이 있다. 선배의 경험과 지혜를 배운다.

② 문제해결의 지혜를 빌린다.

③ 선배에겐 평등하게 대하도록 여러 선배와 접촉한다.

④ 선배의 친절을 쾌히 받아들인다.

(3) 동료와의 인간관계

① 상호간에 협조하며 예의를 갖춘다.

② 동료 간에 감싸주며 위로해 준다.

③ 동료 간에 친절히 지내며 신의를 으뜸으로 한다.

④ 인격을 존중하고 프라이버시를 침해하지 않도록 한다.

⑤ 자기의 의견만을 내세우지 않도록 한다.

⑥ 무슨 일이든지 의논해서 일을 처리한다.

⑦ 약속시간을 지키도록 한다.

(4) 후배와의 인간관계

① 후배는 돌보아 친절히 가르쳐 준다.

② 후배의 기분을 이해하여 새로운 감각을 갖고 대하도록 한다.

③ 후배가 실수했을 경우 격려하고 뒷처리를 잘 할 수 있도록 조언한다.

수행 Tip

'서비스 철학'에 관하여

(1) 친절서비스로 고객만족을...

한 대표이사가 워크샵에서 자신의 회사 직원에게 "왜 고객에게 친절해야 합니까" 라며 물었습니다. 질문을 받은 직원은 평소 깊이 생각해보지 않은 듯 쉽사리 대답을 하지 못하였습니다. 그 후 여러 명에게 같은 질문을 하였지만 대부분 "그냥 뭐", "친절하면 좋잖아요", "남들도 다 친절하니까요." 라는 식의 대답이 전부였습니다.

(2) 무엇이 문제입니까? – 함께 생각해 봅니다.

- 이러한 현상은 서비스 철학의 부재에서 오는 것으로 "서비스를 왜 제공하여야 하는지" 의식 없이 행해지는 경우가 대부분이기 때문입니다. 이렇게 업무에 임하다 보면 일의 능률도 오르지 않고, 일의 성취로 인한 즐거움도 느낄 수 없습니다. 우리도 같은 질문을 하여 봅니다. "왜 고객에게 친절해야 합니까?"
- 다음의 두 대형 제과점의 이야기를 읽고 그 차이를 함께 고민하여 봅니다.

① 철학이 없는 경우 → **제과점의 목표는 단순한 매출 증대**

이런 경우 직원들은 빵의 재료로 무엇이 들어가고 어떻게 하면 비용절감이 될 것 인지만 고민합니다. 그리고 빵을 어떻게 진열하면 눈에 띄는지 연구할 뿐입니다. 옆에서 고객의 아이가 넘어지든 전화가 불통이 되든 바닥이 지저분해지든 무관심하기 마련입니다. 빵을 사갔던 고객이 교환을 해달라고 하면 어처구니 없다는 표정이 나오기도 합니다. 이 제과점의 직원들은 빵을 파는 데만 열중하고 있기 때문입니다.

② 철학이 있는 경우 → **제과점의 목표는 고객이 행복해질 때까지**

보통 이런 경우 직원들은 고객이 문을 들어서는 순간부터 고객의 행동 하나하나에 시선이 갑니다. 고객이 어떤 빵을 좋아할까?, 어떻게 하면 빵 담기가 쉬울까? 고객의 우산은 어디에 두어야 할까?, 무슨 음악을 틀까?, 포장은 어떻게 할까?, 계산대는 어디다 두어야 할까? 등의 세부적인 준비가 뒤따르게 됩니다. 또한 철학이 있는 서비스를 하게 되면 고객이 다가오는 것이 즐겁습니다. 고객 수가 많아도, 고객의 요구가 지나쳐도 힘들게 이루어 낸 것보다 이루어 내었을 때의 보람을 생각하게 됩니다. 고객을 돌려보내고 나서, 혹은 전화를 끊고 나서도 험담을 하지 않습니다. 이는 고객의 진정한 가치와 서비스의 기쁨을 알기 때문입니다.

(계속)

수행 Tip

(3) 어떤 서비스를 제공하고 있습니까?
단순히 교육을 시키는 것만이 서비스라고 생각하고 있지는 않습니까?
철학이 있는 서비스와 그렇지 않는 경우의 이야기에 공감하십니까?

겉치레의 친절 서비스가 아니고 참된 친절 서비스가 되려면 정신적 바탕이 되는 자기 나름대로의 철학이 있어야 합니다. 아무런 철학 없이 윗사람이 시키니까 마지못해 하는 친절 서비스는 바탕이 없기 때문에 오래 지속되지 못합니다.
겉으로 드러나는 행동은 마음속에 자기소신이 있어야 오래 지속될 수 있기 때문입니다.

"굿 서비스"가 "Best"를 만듭니다.

특히 접점(MOT)서비스는 고객접점 채널(대면·비대면)을 통해 가치를 전달하는 조직적인 일련의 활동을 말합니다. 구성원(특히 하급직원)들에게 "방긋방긋" 스마일 훈련이나 자세·태도교육만을 강요하는 것이 아니라 철저한 CS철학을 바탕으로 현장 권한과 근무 여건·지원을 아끼지 않을 때 비로소 외부고객 서비스는 향상됩니다.

① 타회사의 서비스 철학 예시

리조트	'고객의 인생에서 가장 아름다운 추억을 남기는 것'
병 원	' CARE AND COMFORT'
외식업체	'고객이 행복해질 때까지'
통신회사	'고객이 OK 할 때까지'

② 친절 서비스란?

친절 서비스란 고객을 위하는 마음을 바탕으로 정성이 담긴 마음으로 응대함으로써 고객이 편안하고 고맙게 느낄 수 있도록 지속적인 노력을 기울이는 활동입니다.

③ 친절의 십계명

1. 친절은 돈이 들지 않는다.
2. 친절은 건강에 도움이 된다.
3. 친절하면 남녀노소 누구나 좋아한다.
4. 친절하면 작은 실수도 눈감아 준다.
5. 친절하면 경쟁에서 유리하다.
6. 친절하면 많은 사람을 확보할 수 있다.
7. 친절하면 돈이 떨어져도 빌리기 쉽다.
8. 친절하면 정기적금과 같은 효과를 얻는다.
9. 친절하면 직장에서 결재받기 쉬워진다.
10. 친절은 성공의 지름길이다.

(계속)

수행 Tip

① 고객은 우리에게 직접 찾아오든지, 통신으로 문의를 하든지 우리 숍에서 가장 중요한 존재이다.
② 고객은 우리에게 의지해서 사는 사람이 아니라 우리가 그에게 의지하고 있는 인격체이다.
③ 고객은 우리가 그들에게 미용서비스를 제공하는 것이 아니라 우리로 하여금 봉사할 수 있도록 기회를 주는 **혜택의 제공자**이다.

5. 미용서비스인의 직장생활 예절

(1) 호 칭

사회에서 호칭만큼 까다롭고 어려운 것은 없다. 사회생활의 기본예의는 상대를 존중함으로써 편안한 인간관계를 유지하는 것에 있으므로 호칭은 상대에 따라, 그리고 상황에 따라 적정하고 올바르게 사용해야 한다.

[호칭의 기본 예의]

① 친구나 동료처럼 대등한 위치에 있는 사람이라면 자연스럽게 이름을 부른다. 그러나 회사 내에서는 "○○씨"라고 하여 상대방을 존중함은 물론, 공식적인 질서도 유지해야 한다.

② 나이가 위이거나 지위가 상급인 경우에는 공손하고 예의 있게 직위나 적정한 사회적 경칭을 사용한다. 이러한 경칭은 상대방에게 경의를 표하고자 말하는 사람이 스스로 지위를 낮추어 예의를 갖추는 경우이다.

③ 아랫사람이라도 처음 대면하는 경우에는 "○○씨"나 이와 유사한 존칭을 붙여 주어야 한다.

④ 사내에서는 직급과 직책 중에서 더 상위개념을 칭하는 것이 통상적인 예의이다.

(2) 아침 출근 시

① 적어도 근무 시작 15분전까지는 출근하여 여유를 가지고 근무에 필요한 준비를 한다.

- 지각을 하였을 때는 상사에게 솔직하게 인사하고 사과한다.

② 직원 간에 서로 합장하여 밝고 명랑한 표정으로 친근감 있는 인사를 나눈다.

- 합장할 때는 손가락을 벌리지 않고 두 손을 단중에 대고 〈안녕하십니까?〉라고 인사를 한다.
- 출근 시 건물 직원들과도 인사를 나누고, 건물 내·외 위생 상태를 확인한다.

③ 탈의실로 들어가 유니폼을 갈아 입은 후 근무복장을 갖춘다.

- 검정 머리 망(머리가 흘러내리지 않도록 할 것)
- 깨끗하고 주름살 없는 유니폼, 코르사주 & 스카프
- 양말 & 스타킹, 슬리퍼
- 자연스러우면서 밝고 건강해 보이는 메이크업

④ 근무 복장을 원장님께 확인한 후 출근 카드를 찍는다.

⑤ 냉난방기, 베드를 예약고객에 맞추어 알맞은 온도로 조절해 놓는다.

- 그 외 공기청정기, 가습기 등을 켠다.

⑥ 냉·온습포는 예약고객의 필요수량 보다 약간 여유 있게 정리하여 놓는다.

⑦ 베드 세팅을 한다.

- 가장 깨끗한 마른수건 4장을 앞면이 보이게 하고 부직포를 올려 놓는다.

⑧ 인포메이션과 실내 거울 등을 닦는다. (신문지와 유리세정제 이용)

⑨ 전화기의 착신을 푼다. (#88*)

⑩ 눈, 비가 오는 날에는 인포메이션에 카펫을 깔고 우산 꽂이를 준비해 놓는다.

(3) 퇴근 시

① 퇴근 시간 전에 미리 가방을 꾸리거나 서두르지 않는다.

• 근무시간 종료와 동시에 자리를 뜨는 것은 좋지 않다.

② 직원들 중 먼저 관리를 마친 직원이 먼저 마무리를 시작한다.

③ 고객이 없는 방의 베드 전기코드를 먼저 뽑는다.

• 고객이 옆에 누워 있는 경우 조심스럽게 전기코드를 뽑는다.

④ 근무마감 시 관리를 받고 있는 고객들이 불편함을 느끼지 않도록 정리, 정돈한다.

[고객이 모두 나간 후]

① 냉·난방기를 끈다.

② 모든 베드의 전기코드를 뽑고 코드선을 깨끗하게 닦은 후 베드위에 올려 놓는다.
(바닥 청소 시 코드선이 더러워질 수 있다.)

③ 온장고, 공기청정기, 가습기 등의 전기코드를 뽑는다.

④ 창문을 열어 환기시킨다.

⑤ 바닥을 깨끗하게 쓸고 닦는다.

⑥ 얼굴용, 바디용 습포를 먼저 세탁하여 건조대에 정리한 뒤 바디용 습포를 세탁기에 돌려놓고 퇴근한다.
(습포를 전날 세탁기에 돌린 상태로 퇴근 후 다음 날 건조 시 자칫 냄새가 날 수 있다.)

⑦ 세탁하여 건조된 고객의 가운, 티셔츠, 반바지에 띠를 감아 스티커를 붙인 후 깔끔하게 정리해 놓는다.

⑧ 화장솜은 냉장고에 보관해 놓는다.

⑨ 쓰레기통을 비우고 닦아 놓는다.

⑩ 바닥을 쓸고 닦은 뒤 먼지를 제거한다.

⑪ 인포메이션의 서류와 문서를 정리한다.

⑫ 비품과 서적, 신문 등은 정해진 장소에 갖다 놓는다.

⑬ 창문 및 안전장치, 소등 등을 점검하고 문단속을 한다.

⑭ 퇴근 전 상사로부터 지시받은 사항을 모두 이행했는지 확인 후 퇴근 카드를 찍고 상사에게 인사한 후 퇴근한다. (상사보다 먼저 퇴근해야 할 때는 반드시 양해를 구하고 퇴근한다.)

- 퇴근할 때에는 "먼저 나가겠습니다.", "내일 뵙겠습니다."
- 퇴근하는 사람에게는 "안녕히 가십시오."
- 주말인 경우 "즐거운 주말 되십시오."
- 저녁약속이 있는 것을 알고 있는 경우에는 "즐거운 저녁시간 되십시오."라고 인사한다.

(4) 업무에 대한 지시를 받을 때

① 호명 시 "예"하고 밝게 응대하며 메모지와 필기도구를 준비해 간다.

② 지시자 앞의 시야를 가리지 않고 옆으로 약간 비켜선다.

③ 지시 도중에 의견과 질문을 피하고 끝까지 경청한다.

④ 필요시 중요한 내용을 메모한다.

⑤ 지시내용을 잘 듣고 난 뒤 중요사항을 반복하여 말하면서 전달 받은 내용이 정확한지 확인한다.

⑥ 본인의 의견이 있거나 수행이 힘든 사정이 있을 경우에는 공정하고 솔직하게 설명하고 다시 지시를 받는다.

⑦ 업무를 마친 후 두세 걸음 뒤로 이동한 후 돌아서 간다.

⑧ 적기에 보고가 될 수 있도록 최선을 다한다.

⑨ 수행 과정이 길어지는 경우 중간에 일의 진행사항을 간결하게 보고한다.

(5) 업무를 보고할 때

① 모든 업무는 보고가 끝남으로 마무리된다.

② 보고 시 지시자 앞의 시야를 가리지 않고 옆으로 약간 비켜선다.

③ 업무 종결과 동시에 지시자에게 신속히 보고한다.

④ 업무 수행 시 중간보고를 잊지 않도록 한다.

⑤ 결론→이유→경과의 순서로 보고하며 자신의 의견을 말한다.

⑥ 문서가 필요한 경우 보고서를 작성하여 보고한다.

⑦ 정확한 말씨로 명확하게 보고한다.

2. 미용서비스인의 피부관리를 위한 준비

1. 피부미용사의 준비

(1) 피부미용사(Esthetician)의 준비

복 장	• 유니폼에 코르사주(또는 스카프)를 착용한다(유니폼은 일하는데 불편함이 없도록 실용적이고 세탁이 용이한 재질로, 세탁 후 옷의 변형이 없어야 한다). • 양말(또는 스타킹)과 슬리퍼를 착용한다. • 명찰을 착용하여 고객에게 자기를 알리고 신뢰감을 조성한다.
위생상태	• 유니폼은 청결해야 한다. • 매일 목욕 또는 샤워를 해 체취를 제거한다. • 구취제거를 위해 마스크를 착용한다. • 손톱을 짧게 하고 손톱 끝은 매끄럽게 정리한다. • 손은 항상 따뜻하게 관리 유지시킨다.
헤 어	• 머리카락이 흘러내리지 않도록 검정색 헤어망을 이용하여 깔끔히 정리한다(앞머리 또는 옆으로 나온 머리카락은 작은 검정색 실핀을 이용하여 단정히 정리한다). • 헤어 컬러는 너무 튀지 않는 자연스러운 컬러를 한다.
메이크업	• 맑고 투명한 피부를 강조할 수 있는 내추럴 메이크업을 한다.

(2) 피부미용사의 모습

	앞 면(상반신)	앞 면(전체)
관리실		

	앞 면(상반신)	앞 면(전체)	뒷 면(전체)
국가 자격 시험	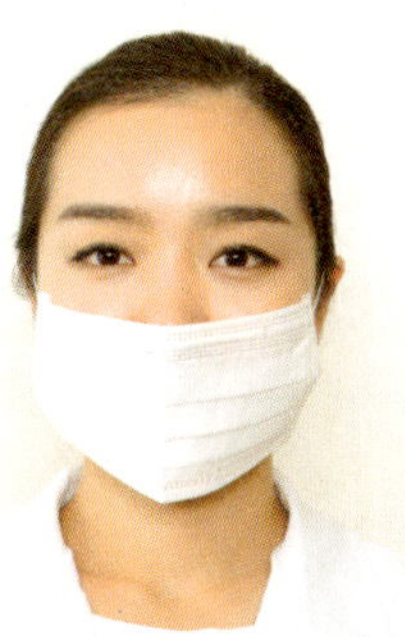	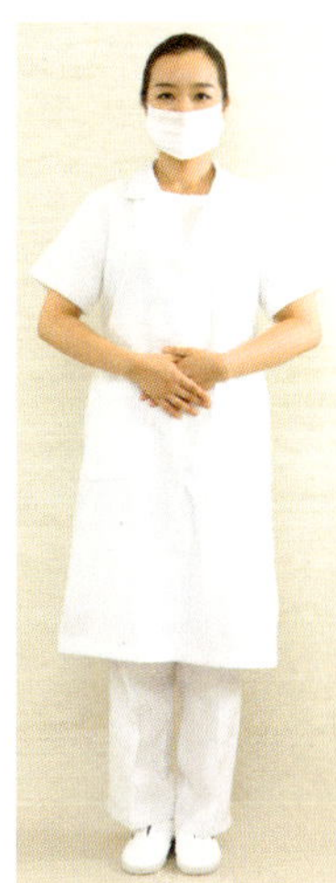	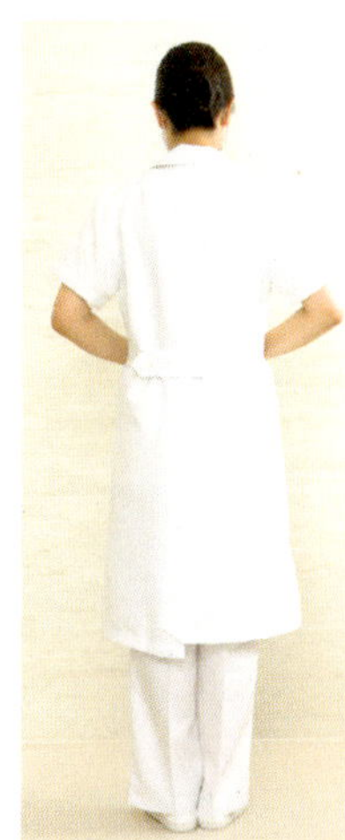

(3) 피부미용사의 자세

① 고객에게 정직하고, 공정하며, 정중하고, 친절하게 대한다.

② 고객에게 신뢰감을 줄 수 있도록 최선을 다한다.

③ 고객의 사생활 보호의 의무를 다한다.

④ 동료직원과 협조하는 자세를 갖고 동료 간에 경어를 사용한다.

⑤ 전문 피부미용사로서의 모습을 가꾸도록 한다.

⑥ 자신의 업무를 숙지하여야 한다.

⑦ 개인위생만큼의 청결과 위생을 관리하도록 한다.

⑧ 직업에 신념과 자부심, 자신감을 갖는다.

⑨ 프로의식을 지니고 끊임없이 공부하는 자세를 갖는다.

⑩ 매일매일 자신의 각오와 목표를 설정하고 있어야 한다.

(4) 피부미용사가 하지 말아야 하는 행동

① 피부관리의 결과를 과대선전하는 행위

② 동료 직원의 서비스를 평가하는 행위

③ 고객의 사생활을 논의하는 행위

④ 제품을 강매하거나 고객이 사용하는 제품을 비평하는 행위

⑤ 고객에게 지나치게 친숙하게 대하는 행위
(지나친 농담, 비속어, 반말 사용, 지나친 관심과 조언)

⑥ 껌을 씹거나 담배를 피우는 행위

⑦ 관리실 내에서 큰소리로 말하거나 웃는 행위

2. 피부미용실 환경 준비

(1) 피부미용실 환경

체크사항

- ☑ 관리실 내의 모든 물품이 잘 정리·정돈 되어 있는지?
- ☑ 관리실 내·외부가 청결한지?
- ☑ 냉·난방의 온도가 적당한지?
- ☑ 기계, 기구, 도구가 청결하며 제 위치에 있는지?
- ☑ 기기가 잘 작동되는지?
- ☑ 관리용 화장품과 소모품이 부족하지 않은지?
- ☑ 불쾌한 냄새가 없는지?

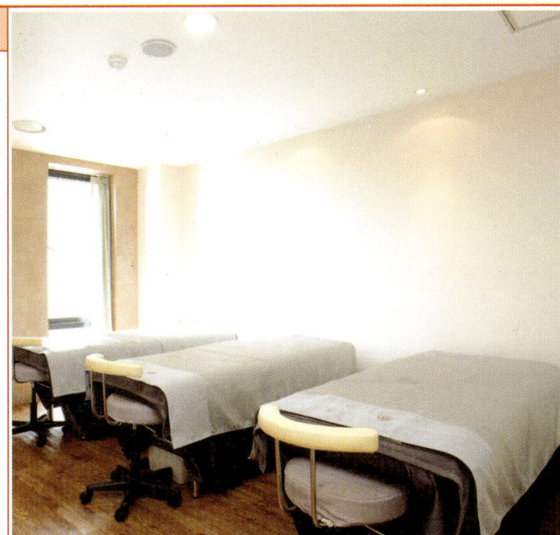

(2) 카운터 환경

카운터 (인포메이션)

- 금고의 잔돈 준비
- 사무용품 구비
- 체크 카드기
- 전화기 옆 : 명함, 메모지, 펜, 관리 스케줄표, 달력
- 게시판 : 불필요한 것은 접수대에 놓지 말 것

(3) 진열장 환경

진열장	
• 청결하고 산뜻한 상태 유지 • 누락제품과 판매용 제품의 재고량 보유 확인 • 홍보효과를 줄 수 있는 이상적인 제품 진열 • 신제품 진열	

(4) 탕비실

1) 세탁기 사용법

① 세탁기 사용 시 소리가 날 수 있으므로 탕비실 문은 항상 닫아 둔다.

② 세제+퐁퐁+락스를 혼합한 세제에 세탁물을 넣고 불린 후 세탁기를 돌린 뒤 섬유유연제를 넣고 다시 헹군다.

③ 색깔별, 종류별로 구분하여 세탁한다. (흰색/초록색/분홍색 타월, 고객 가운, 티셔츠 구분)

④ 세탁기는 일주일에 2번 식초를 넣고(종이컵 가득) 세탁기 통을 세척한다.
[예] 수, 토요일

2) 건조기 사용법

① 건조기 문을 열어 놓고 문 위에 젖은 수건이나 가운 등을 올려놓지 않는다.

② 건조기 사용 시 세탁물을 반드시 털어서 넣는다.

③ 적정량을 넣는다.

④ 두꺼운 것일수록 시간을 늘린다(단, 이불, 대타월, 중타월 같은 경우 건조기를 사용하기보다 널어 놓아야 시간을 절약할 수 있다).

⑤ 건조기 망을 수시로 체크하여 먼지를 걷어낸다(불이 날 위험성이 있음).

※ 절대 퇴근 시 건조기 돌리고 퇴근하지 말 것 !!!

(5) 다과 준비

다 과
• 커피잔 및 다기류 • 각종 차 종류(커피, 녹차 등) • 계란 [달걀 삶기] • 매일 아침 예약 고객보다 여유있게 삶아 준비한다. • 소금이나 식초를 넣고 15~20분 정도 삶은 뒤 바로 차가운 물에 담가 놓는다. [달걀 드리기] • 다리관리를 받는 고객 : 1개 • 종아리에 근육이 없는 고객 : 2개 • 가슴 관리를 받는 고객 : 2개 ※ 달걀은 가져갈 수 있도록 청려(소금)를 조금 넣어 깔끔하게 접어서 바구니에 담아 두었다가 챙겨드린다.)

(6) 화장실

화장실
• 퇴근 전 휴지통은 비운 뒤 비닐봉지를 씌운 뒤 휴지통 덮개를 덮는다. • 락스와 세제(샴푸)를 이용하여 세면기, 변기, 화장실 바닥을 청소한다. • 휴지, 비누, 수건을 정리한다. • 창문을 열어 환기를 시킨다.

수행 Tip

변기의 찌든때 청소하는 법

① 변기의 찌든때를 청소할 때는 베이킹파우더 2큰술을 변기에 넣고 약간의 락스를 부은 후 5~10분 뒤에 솔로 문지르면 변기속의 찌든 때가 말끔하게 사라진다.

② 변기 세정제 등을 분무기에 넣고 뿌린 다음 샤워기로 헹궈내고 헹굴 때는 이왕이면 뜨거운 물이 좋다.

③ 변기에 묻어있는 때는 콜라에 함유된 시트르산이 깨끗하게 제거해 줍니다. 김빠진 콜라를 변기 속에 부어놓고 30분 뒤 물을 내리면 변기 속이 놀랍게도 깨끗해진다.

④ 수세미에 치약을 묻혀서 닦는다. 청소 후의 불쾌한 소독 냄새도 없고 상쾌한 향이 난다.

수행 Tip

변기의 냄새 없애는 법

① 변기를 사용한 후 냄새가 남아 있을 경우에는 향초를 켜둔다.

② 말린꽃에 향수를 뿌려 화장실 벽에 걸어둔다.

③ 원두커피를 끓이고 난 뒤에 나오는 찌꺼기를 놔둔다.

(7) 탈의실

탈의실
• 옷장 상단 – 옷걸이 2~3개 준비(상의용, 하의용, 속옷 및 기타 용도) – 1회용 팬티 준비 • 옷장 하단 – 고객용 실내화

(8) 샤워실

샤워실
• 준비사항: 샴푸, 린스, 바디클렌저, 클렌징 티슈, 폼클렌저, 비누, 수건, 샤워용 배스타올, 헤어캡, 목욕용 실내화, 휴지통, 가운 등

(9) 고객 소지품 관리

- 부드러운 시선과 미소로 고객의 눈을 쳐다보며 "소지품(옷과 가방)을 보관해 드리겠습니다." 라고 말한다.
- (고객이 보는 앞에서) 신중하고 정성스럽게 보관한 후 열쇠를 고객에게 건네준다.
- 보관 후 고객의 이름을 존칭하며(○○고객님, 사모님 등) 바로 관리에 들어가는지 또는 얼마 정도 기다려야 되는지 예정 시간을 안내해 준다.

(10) 화재 예방을 위한 소화기 사용법

1) 일반소화기 사용방법

① 소화기를 불이 난 곳으로 옮긴다.

② 손잡이 부분의 안전핀을 뽑는다.

③ 바람을 등지고 서서 호스를 불쪽으로 향하게 한다.

④ 손잡이를 힘껏 움켜쥐고 빗자루로 쓸듯이 뿌린다.

⑤ 소화기는 잘 보이고 사용하기에 편리한 곳에 두되 햇빛이나 습기에 노출되지 않도록 한다.

1~2. 손잡이 부분의 안전핀을 뽑는다.	3. 바람을 등지고 서서 호스를 불쪽으로 향하게 잡는다.	4. 손잡이를 꽉 움켜쥐고 불을 향해 빗자루로 쓸듯이 뿌린다.
 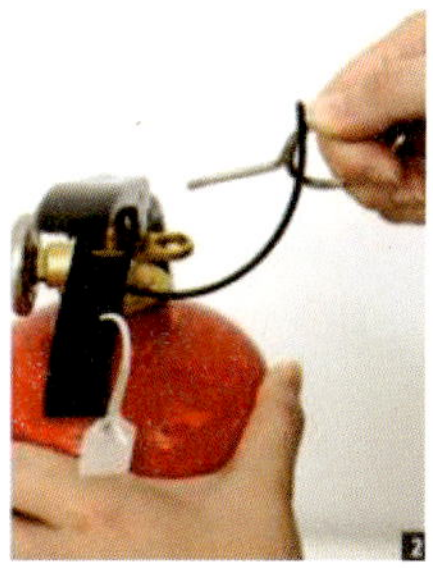		

2) 옥내소화전 사용방법

① 먼저 소화전함의 문을 연다.

② 노즐(물을 뿌리는 부분, 관창이라고도 부름)과 호스(수관)를 꺼낸 후 호스가 꼬이지 않도록 길게 펴주고 불이 난 곳까지 다가간다.

③ 물을 쏠 준비가 되었으면 개폐밸브를 돌려 물이 나오도록 한다.

④ 호스(수관)에 물이 차서 나오는 것이 확인되면 노즐의 끝부분을 돌려서 분무(안개) 또는 직선으로 불을 향해 쏜다.

⑤ 화재진압이 끝나면 개폐밸브를 잠근다.

⑥ 호스(수관)를 빼서 잘 세척하고 물을 뺀 후 서늘한 곳에서 말린다.

⑦ 소화전 함에 원래대로 잘 말아서 정돈한다.

문을 연다.	호스를 빼고 노즐을 잡는다.	밸브를 돌린다.	불을 향해 쏜다.
Open the door	Take out the hose	Open the valve	Extinguish a fire

그림 3-1 옥내소화전 사용방법

3. 피부관리를 위한 준비

(1) 왜건(Wagon) 준비

표 3-1 화장품 세팅

	화장품 세팅
안면관리 화장품	립&아이리무버, 클렌징, 스킨토너, 딥클렌징(효소, 고마쥐, 스크럽, AHA), 마사지 크림, 피부타입별 팩, 립&아이크림, 데이크림, 자외선 차단크림, 비비크림, 알로에 젤, 앰플, 특수마스크, 알코올 등
바디관리 화장품	바디 클렌징, 바디 오일, 바디 스크럽, 바디 토너, 바디팩, 수딩 젤, 바디 밀크로션 등
눈썹 수정용	눈썹 브러시, 눈썹 가위, 족집게, 셰이퍼, 수딩젤, 소독제
제모용	나무 스파튤라, 왁스, 종이컵, 부직포, 알로에 젤, 탈컴 파우더, 가위, 족집게, 위생장갑, 소독제

표 3-2 그 밖의 소모품 세팅

품 명	기타 소모품 세팅
① 원형 스테인리스 바트 2개	미용솜, 알코올 솜 보관
② 사각 스테인리스 바트	여드름 압출기구, 족집게, 핀셋 등 소독한 기구 보관
③ 미용솜	물에 적셔 물기를 뺀 후 뚜껑 있는 통에 보관
④ 해면볼	해면 세척 용도로 사용
⑤ 해면	클렌징, 딥클렌징 등 제품을 닦는 용도/중성세제로 세척 후 말린 후 자외선 살균 소독기에 넣어 살균 소독함
⑥ 온습포와 냉습포	관리 중 화장품을 닦아내는 용도
⑦ 팩 브러시	딥 클렌징과 팩을 바르는 용도
⑧ 유리볼(3개 이상)	제품을 덜어 쓰는 용도
⑨ 스파튤라	제품을 덜거나 팩 도포 시 사용
⑩ 믹싱 고무볼	석고 및 고무 모델링 마스크의 팩 재료를 혼합 시 사용
⑪ 증류수	효소, 석고 및 고무 모델링 마스크 등 분말을 희석
⑫ 면봉	포인트 메이크업 제거, 눈과 콧구멍의 제품 제거, 여드름 압출 등
⑬ 티슈	사용 화장품 및 고마쥐 딥클렌징 제거 시 사용하며 향이 없는 것 선택
⑭ 보관통 2개(플라스틱)	보관통 1: 깨끗한 스파출라, 눈썹도구, 브러시 등 보관 보관통 2: 사용한 도구 보관
⑮ 거즈	효소, 딥클렌징, 석고, 파라핀 등 특수 마스크, 기기 적용 시 사용
⑯ 바구니(2~3개)	습포, 해면 등을 담는 용도
⑰ 쓰레기통	미용솜, 티슈 등 쓰레기 처리용
⑱ 랩&호일	팩 관리 시 상승효과, 남은 제품의 래핑 등
⑲ 여드름 니들	여드름 압출용도
⑳ 가위	미용솜, 거즈, 콜라겐 벨벳 등을 자르는 용도
㉑ 눈썹 가위&눈썹 브러시, 족집게	눈썹 정리용
㉒ 알코올 및 분무기	도구 소독용(70~80%)
㉓ 생리 식염수	관리 시 눈에 이물질이 들어갔을 때 사용
㉔ 나무 스파튤라&부직포	제모 시 왁스를 바르고 붙이는 데 사용(7×20cm)
㉕ 수술용 장갑	제모 시 손에 착용

표 3-3 왜건 디스플레이

왜건 디스플레이	
상단	• 유리볼(클렌징1, 딥클렌징2, 매뉴얼테크닉크림1, 팩3, 바디2) • 고무볼 • 원형바트 2(젖은 화장솜, 알코올솜) • 보관통 1(스파튤라, 팩브러시, 눈썹가위, 눈썹칼, 족집게, 볼펜, 핀셋) • 면봉, 미용티슈, 분무기(알코올용1, 물1), 챠트판 • 립&아이 리무버/클렌징/스킨토너/딥클렌징(효소, 고마쥐, 스크럽, AHA)/마사지 크림/피부타입별 팩/립&아이크림/데이크림/자외선 차단제/비비크림/알로에 젤/앰플/특수마스크/알코올 스프레이(70~80%) • 거즈(팩 사용 용) • 생리식염수(관리 시 이물질 들어갔을 때 신속히 제거)
중단	• 중바구니 1(냉습포 및 습포 여유분) • 소바구니 1(해면 담는 용도) • 해면 20개(클렌징4, 딥클렌징4, 매뉴얼테크닉4, 팩4, 팔2, 다리2) • 냉습포 8개(AHA 사용 시 1, 마무리 1, 2과제용 6개(보충) • 미니 쟁반(온장고에서 수건 담아올 때) & 집게
하단	• 보관통 2(팩붓, 스파출라, 눈썹도구 등 사용한 도구 보관) • 중바구니 2(사용한 수건을 개어서 보관하는 용도) • 소바구니 2(사용한 해면 담는 용도) • 미니 휴지통

미용사(피부) 국가자격 시험용 왜건준비	관리실용 왜건준비(예 : 약손명가)

그림 3-2 왜건준비 사진

(2) 베드 준비

		베드준비
베 드		• 일반 베드와 전신관리용 베드(구멍 뚫린)를 준비한다. • 관리사의 키와 맞춘다. • 겨울에는 온열매트를 준비하여 늘 따뜻함을 유지한다.
시트, 담요		• 시트 : 오물이 쉽게 제거되며, 자주 세탁할 수 있는 종류로 선택한다. • 담요는 가볍고 부드러운 것을 선택한다.
비닐, 레자		• 전신관리와 데콜테 관리 시 사용한다.
수 건		• 위생적인 면 재질로 1회 사용한다.
터 번		• 고객의 머리를 감싸는 용도로 사용한다.
고객용	가 운	• 가슴 위까지 관리가 필요한 고무 밴드형 가운이 필요하다. • 고객 이동시 어깨를 덮을 수 있는 겉 가운도 준비한다.
	슬리퍼	• 바닥이 미끄럽지 않고 소리가 나지 않는 것을 사용한다.

국가자격시험용 베드 준비	관리실용 베드 준비

그림 3-3 베드 준비 사진

(3) 기기 준비

스티머	센서가 장치된 물의 가열원리를 이용하여 노화각질 세포를 탈락시켜 줌
확대경	육안으로 보는 것의 3.5~5배 피부를 확대해서 볼 수 있음
고주파	100,000Hz 이상의 빠른 진동전류 에너지를 이용해 피부 세포기능을 활성화하는 역할을 해줌
적외선기	원적외선을 방출하여 피부를 따뜻하게 해주어 독소배출 및 유효성분을 침투시킴
자외선 소독기	UVC의 단파장을 이용한 살균소독기로 기구 부속품, 브러시, 유리봉 등을 소독함
온장고	습포를 따뜻하게 해 주는 기기
가습기	실내공기의 습도를 증가시키기 위한 목적으로 물이나 수증기 등을 공기에 공급하는 기기
온습포	물에 적신 소타올의 물기를 적당량 제거 후 사용하기 쉽게 접어 온장고에 넣음

(4) 습포 준비

습포 만들기	① 습포용 통에 습포를 넣고 물을 충분히 채운 후 빨래를 빨듯 주무른 뒤 물기가 흐르지 않을 만큼 짜준다. ② 깨끗한 흐르는 물에 다시한번 손으로 빨아준 뒤 물기가 흐르지 않을 만큼만 짜준다. ※ 습포에 물기가 너무 많으면 얼굴을 닦을 때 고객 얼굴에 물이 흐르며, 물기가 너무 적으면 금방 말라버리거나 고객 피부를 자극할 수 있으므로 적당량의 물기를 잘 조절한다. ※ 온장고에 있는 습포를 수시로 확인하여 냄새가 나는지 확인하고 냄새가 날 경우 즉시 새것으로 교체한다.
(온)습포 준비	① 물에 적신 소타올의 물기를 적당량 제거 후 사용하기 쉽게 접어 온장고에 넣는다. ② 습포는 길게 반을 접은 후 반을 접고 또 반을 접어서 개어 놓는다. [예] 흰색 : 얼굴 습포용 / 분홍색 : 바디용 ③ 세팅용 습포가 청결하지 못할 경우 청소용으로 사용하며 별도로 보관한다.

수건에서 냄새가 나지 않게 하는 방법
• 온장고의 온도를 최고로 높인다. • 세탁 후 3번 이상 흐르는 물에 빨아서 넣는다. • 기름때가 끼지 않게 세탁조 청소를 주기적으로 한다. • 섬유유연제를 과도하게 쓰지 않는다. • 효소를 사용한다.

3. 미용서비스인의 기본 예절

1. 고객 맞이

(1) 고객 맞이 표정

1) 표정의 의미

우리나라 속담에 "웃는 얼굴에 침 못 뱉는다."라는 말이 있듯이 웃는 표정처럼 좋은 것도 없다. 아무리 예의바르게 인사를 잘한다 해도 얼굴 표정이 굳어 있거나 침울하면 상대방에게 오히려 거부감이나 불쾌감을 주게 된다. 서비스에 있어서도 웃는 표정이야말로 고객에게 좋은 인상을 심어주게 되어 한층 고객만족을 앞당길 수가 있으므로 중요하다.

"우리들의 얼굴은 항상 고객의 시선에 비쳐지고 있으며 고객은 우리들의 표정을 보고 여러 가지 심리변화를 일으킨다."

만일 고객을 대할 때 좋지 않은 표정을 연출한다면, 자신의 그러한 표정은 거울처럼 고객에 비쳐진다. 여러분의 얼굴은 자신의 얼굴이기 이전에 고객을 위한 얼굴이라는 점을 명심해야 한다. 적어도 고객에게 불쾌한 이미지의 심리변화를 주지 않는 표정관리라도 해야 하지 않을까?

표정 중에서 가장 중요한 것이 바로 웃음 짓는 얼굴이다. 우리가 관공서나 은행창구에서 업무를 볼 때 웃으며 나오는 직원과 웃지 않는 직원을 비교해 보면 웃는 직원이 고객의 마음을 여는데 훨씬 중요하다는 것을 알 수 있다. 웃음 자체만으로도 아주 큰 친절이다.

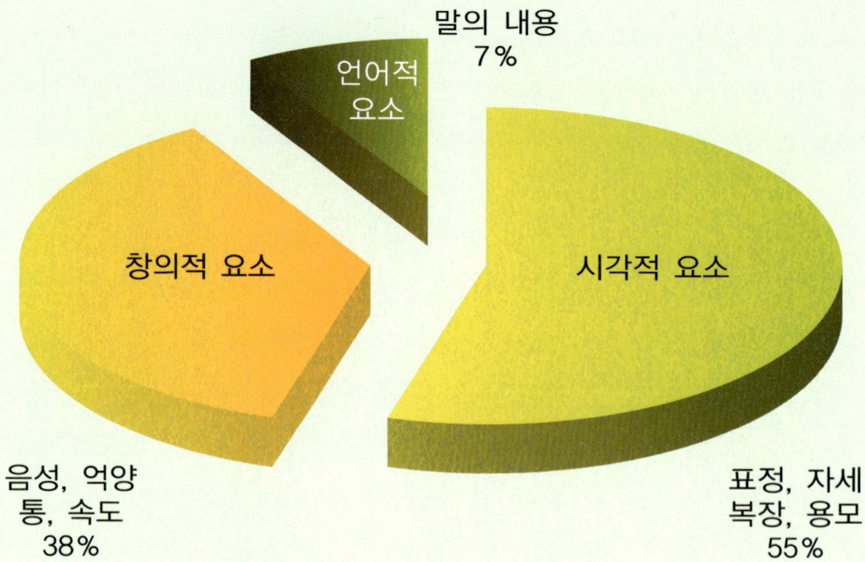

그림 3-4 앨버트 머레이비언(Albert Mehrabian)의 법칙

2) 표정의 중요성

① 표정을 통하여 첫인상(first impression)이 결정되고, 그것이 이미지를 형성한다.

② 첫인상이 좋아야 그 이후의 대면이 가능해지며, 호감이나 호의적인 태도를 형성할 수 있다.

③ 밝은 표정은 인간관계의 기본이다. 밝은 표정은 환영을 의미하고, 자신감을 갖게 해줄 뿐 아니라 소극적인 감정까지도 치료해 준다.

④ 상대방의 표정은 자신의 책임이다. 나 자신의 표정이 밝고 환하면 보는 이로 하여금 즐겁게 만드는 효과가 있다.

3) 밝은 표정의 효과

① 건강 증진 : "웃음은 앉아서 하는 조깅!"으로 스트레스 해소에 도움이 된다.

② **호감 형성** : 밝은 표정은 자신의 인상을 좋게 해주며, 상대방으로 하여금 호감을 느끼고 편안한 기분이 들도록 해 준다.

③ **감정이입** : 웃음은 비즈니스맨 자신뿐만 아니라 고객의 기분까지 즐겁게 한다.

④ **실적향상** : 일의 능률이 오르면 실적도 향상된다. 이것은 "신바람 효과"라고 할 수 있는데, 밝은 표정은 어떤 경우이건 업무의 효율을 증진시킨다.

⑤ **마인드 컨트롤** : 웃다 보면 마음이 즐거워지고, 기분도 좋아지며 일의 능률이 오른다.

수행 Tip

표정의 체크 포인트

- 자신의 웃는 표정이 마음에 드는가?
- 자신의 얼굴을 웃는 얼굴로 바꾸고 싶은 생각은 없는가?
- 자신의 웃는 얼굴에 대해 칭찬 받은 적이 있는가?
- 웃을 때 입을 가리는 버릇은 없는가?
- 사진을 찍거나 사람을 대할 때 자연스러운 미소를 지을 수 있는가?
- 자신의 표정이 다양하다고 생각하는가?
- 자신의 표정 관리 수준은 어느 정도인가?

수행 Tip

부드럽지 못한 얼굴 표정

- **무표정** : 무표정한 얼굴은 상대방이 인간미를 느끼지 못한다.
- **미간(눈썹)에 주름을 세우는 얼굴표정** : 상대방에게 어둡게 비쳐지며, 상대방까지도 어둡게 만든다.
- **입술을 옆으로 다문 표정** : 상대방을 경시하는 표정으로 보이게 된다.

(2) 미소 만들기

흔히 외모의 핵심은 얼굴에 있다고 한다. 얼굴은 사람의 신체 가운데 가장 표현력이 있고 눈에 잘 띄는 부분이기 때문에 그 사람의 얼굴 표정이 상대방에게 호감을 주느냐, 못 주느냐에 따라 호감도가 달라지고 인간은 얼굴표정으로 속마음을 나타내기도 하며 상대방의 기분을 판단하기도 한다. 얼굴의 표정은 상대방에게 전염되기 때문에 명랑하게 미소짓는 얼굴로 상대를 바라보면 상대방도 웃는 얼굴로 대해주게 된다. 하지만 아무리 잘생긴 얼굴이라도 얼굴의 표정이 어두우면 상대방에게 호감을 줄 수 없다. 그러므로 미소라는 강력한 무기를 지니고 있다면 누구와도 잘 어울릴 수 있는 지름길이 될 것이다.

1) 웃음의 효과

① 마인드 컨트롤 효과 : 일부러라도 웃다 보면, 저절로 기분이 좋아진다.

② 감정 이입 효과 : 웃음은 서비스맨의 기분만 좋아지게 하는 게 아니라, 그를 상대하는 고객의 기분까지 즐겁게 해준다.

③ 건강 증진 효과 : 웃음이 건강에 좋다는 것은 스탠포드 대학의 윌리엄 프라이 교수를 비롯하여 여러 학자, 의사들의 공통된 견해이다.

④ 신바람 효과 : 웃음은 수많은 고객을 상대하는 고달픈 상황에서도 그것을 극복할 수 있는 활력을 불어넣어 준다.

⑤ 호감 효과 : 웃음은 서비스맨의 풍채와 인상을 좋게 해주어 고객으로 하여금 호감과 친밀함을 느끼게 한다.

⑥ 실적 향상 효과 : 서비스맨의 웃음은 영업 실적을 증대시킨다.

2) 좋은 표정을 만드는 데 필요한 17개의 근육 강화하기

① **눈 운동** : 눈을 위·아래·오른쪽·왼쪽으로 방향으로 움직이는 운동을 5번 실시한 후, 오른쪽 방향으로 한 바퀴, 왼쪽 방향으로 한 바퀴 움직인다.

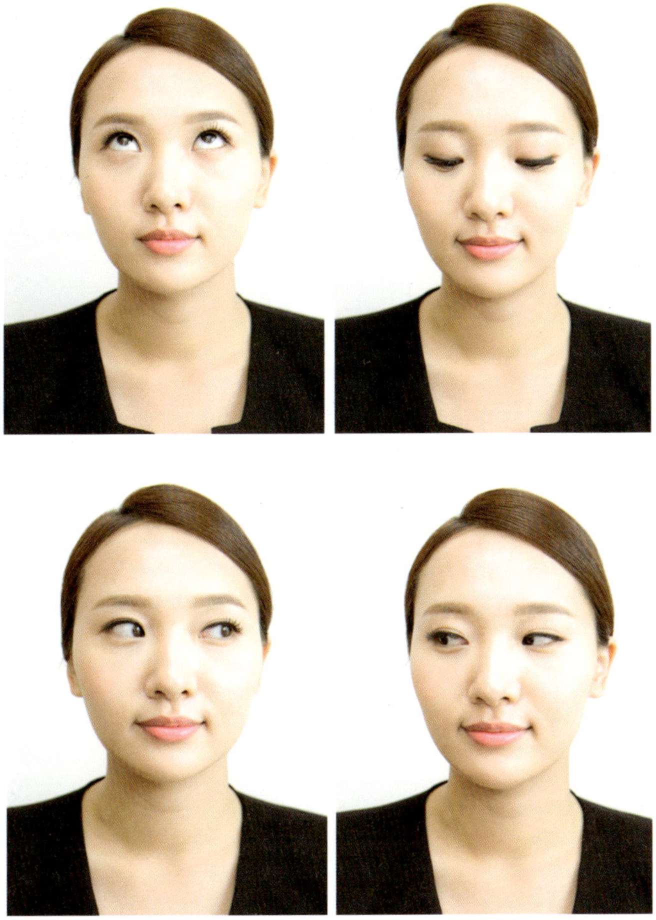

② **코 운동** : 좋지 못한 냄새를 맡았을 때를 상상하여 코와 미간 사이에 주름을 만 들어 본다. 그 상태를 5초간 유지 후 풀기를 반복한다.

③ 볼 운동

• 입술을 다문 채 양 볼에 공기를 머금는다. 양볼의 공기를 왼쪽 볼로 이동시키고 오른쪽은 보조개를 만들듯이 바람을 빼어 15초간 유지한다.
• 왼쪽의 공기를 인중으로 보내어 15초간 유지한다. 공기를 오른쪽 뺨으로 이동시키고 왼쪽은 보조개를 만들듯이 바람을 빼어 15초간 유지한다.
• 오른쪽 공기를 턱으로 보내어 15초간 유지한다.

④ **눈썹 운동** : 눈썹만 상하로 움직인다. 잘 되지 않아도 윗 눈꺼풀의 근육을 긴장시키는 것이 중요하다. 먼저 눈썹을 위로 올린 상태에서, 이때 눈은 동그랗게 떠질 것이다. 다섯을 세고 긴장을 풀어준다. 이렇게 3번 반복한다. 이 부분에 생기가 있으면 눈매가 부드러워진다.

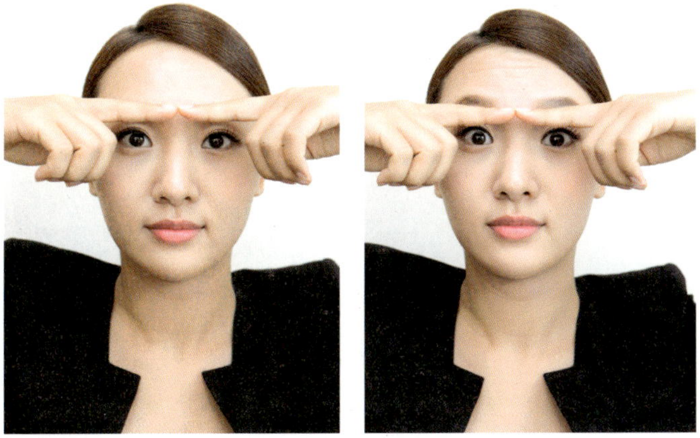

⑤ **입 운동** : 입술을 앞으로 쭉 내밀었다가 다시 미소 라인으로 움직이는 형태로 5회 실시한다.

⑥ **턱 운동** : 입 전체를 '아' 하고 벌린 상태에서 오른쪽 방향과 왼쪽 방향 번갈아 움직인다.

(3) 시선(視線) 처리

1) 시선 처리 시 주의사항

① 자연스럽고 부드러운 시선으로 상대방을 본다. 이는 우호적인 태도로써 호감을 형성한다.

② 상대방의 눈을 보는 것은 매우 중요하다. 눈만 빤히 보면 상대가 불편할 수도 있으므로 눈과 눈 사이인 미간과 코 사이를 번갈아 보는 것이 좋다.

③ 가급적이면 상대와 눈높이를 맞춘다.

④ 눈을 위로 치켜뜨거나 위아래로 훑어보지 않는다.

⑤ 곁눈질을 하지 않고 정면에서 쳐다보아야 한다.

⑥ 눈을 자주 깜박거리는 것은 좋지 않다.

⑦ 눈을 똑바로 바라보지 않으면 자신이 없어 보인다.

2) 미소의 가치

① 미소는 대가를 요구하지 않지만 많은 일을 한다.

② 미소는 나누는 사람들을 풍요롭게 만든다.

③ 미소는 번개처럼 한 순간에 지나가지만 그 기억은 언제까지나 영원하다.

④ 미소가 없는 사람은 부유하지 못하고, 미소를 가진 사람은 이미 가난뱅이가 아니다.

⑤ 미소는 가정을 행복하게 만들고, 직장에서는 선의를 불러온다.

⑥ 미소는 친구 사이의 우정을 더욱 두텁게 해 준다.

⑦ 미소는 피로에 지친 사람에게 안식을, 실망에 빠진 사람에게 희망을, 슬픔에 잠긴 사람에게 기쁨을 가져다 준다.

⑧ 미소는 고민에 빠진 사람에게 가장 좋은 약이다.

⑨ 미소는 돈을 주고 살 수도, 구걸할 수도, 빌릴 수도, 훔칠 수도 없다.

⑩ 미소는 주기 전까지는 이 세상에 존재하는 물건이 아니기 때문이다.

2. 인사 예절

(1) 인사의 의미

① 인사는 "사람 인(人)"과 "일 사(事)"로 이루어진 단어로 "사람이 마땅히 섬기면서 할 일"을 뜻한다.

② 마음에서 우러나오는 만남의 첫걸음이며 마음가짐의 외적표현이다.

③ 직장생활에서 서로의 마음을 열게 하는 효과적인 방법이다.

④ 자신의 인격과 이미지를 외적으로 나타내는 것이다.

⑤ 상대방에 대한 친절과 존경심의 표현이다.

⑥ 서비스 직종 종사자에게 인사는 고객에 대한 봉사 정신의 표현이다.

표 3-4 인사의 기본자세

표정	밝고 부드러운 미소를 짓는다.
시선	상대의 눈이나 미간을 부드럽게 바라본다.
어깨	힘을 빼고 자연스럽게 내린다.
머리/가슴/허리/다리	자연스럽게 곧게 펴서 일직선이 되게 한다.
무릎	곧게 펴고 무릎을 붙인다.
손	여자 : 오른손을 위로 하여 공수 자세를 취한다. 이때 겨드랑이는 붙이지 않고 살짝 뗀다. 남자 : 차렷 자세로 팔을 내린다. 손은 달걀을 쥔 느낌으로 가볍게 쥐어 바지 재봉선에 댄다.
발	발뒤꿈치는 붙이고, 발의 앞쪽은 남자는 30도, 여자는 15도 정도 살짝 벌린다.

(2) 인사 포인트

① 고객이 방문하면 즉시 일어서서 맞이한다.

② 고객을 바라보며 환영하는 마음을 담아 부드럽고 상냥한 "솔"톤으로 〈어

서 오십시오〉, 〈안녕하십니까?〉하고 끝을 쭉 빼며 밝은 표정으로 정중하게 인사한다.

③ 상대방의 눈을 바라보며 한다.

④ 인사는 내가 먼저 한다.

⑤ 진심에서 우러나오는 인사를 한다.

그림 3-5 인사의 기본자세(여자)

(3) 인사의 기본자세

그림 3-6 인사의 기본자세(남자)

(4) 인사의 순서

① 인사 전, 후에는 상대방을 바라본다.

② 먼저 허리부터 숙이고, 이때 등과 목은 일직선이 되도록 한다.

③ 시선은 상대 발끝에 두거나 자신의 발끝에서 1.5m 정도 거리에 둔다.

④ 숙인 상태에서 잠시 멈춘다.

⑤ 상체를 올릴 때는 굽힐 때보다 천천히 들어 올린다.

⑥ 다시 상대방을 바라보며 인사말을 한다.

⑦ 잘못된 인사

- 고개만 끄덕이는 인사
- 동작 없이 말로만 하는 인사
- 눈을 쳐다보지 않고 하는 인사
- 분명하지 않은 형식적인 인사
- 계단 위에서 윗사람에게 하는 인사
- 뛰어가면서 하는 인사
- 무표정한 인사
- 인사말이 분명치 않고 어물어물하며 망설임이 느껴지는 인사
- 상황에 맞지 않는 인사 (계단 위에서 상급자에게 인사를 하거나, 윗사람에게 〈수고했습니다〉라고 인사를 하는 경우)

(5) 인사의 종류

목　례 (15도)	눈으로 예의를 표하는 인사다. 짧은 시간에 이루어지는 인사로 반드시 미소를 보낸다.
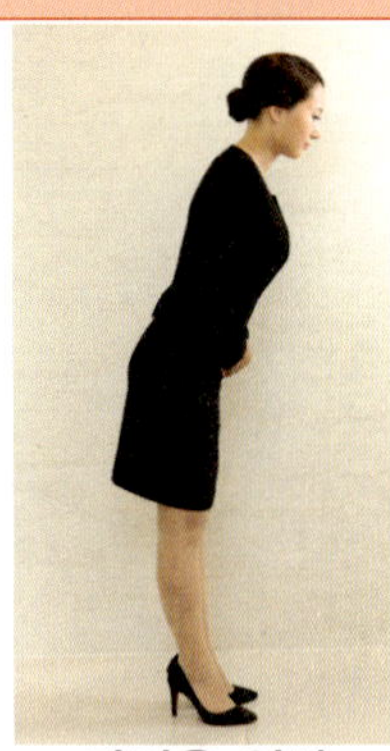 **가벼운 인사** **(15°)** • 잠깐 실례하겠습니다. • 죄송하지만, 잠시만 기다려주시겠습니까? • 네. 무엇을 도와드릴까요? • 맛있게 드십시오.	① 방법 : 허리를 15도 정도 살짝 숙이면서 부드러운 표정을 짓는다. 속도는 1에 숙이고 2에 올린다. ② 상황 • 실내나 복도에서 자주 마주치는 경우 • 양손에 무거운 짐을 들고 있는 경우 • 모르는 사람과 마주칠 경우 • 통화 중일 경우 • 실내나 통로, 엘리베이터 안과 같이 협소한 공간에서 만나는 경우 • 화장실과 같은 불편한 장소에서 만나는 경우 • 상사나 고객을 자주 만나는 경우 • 손아랫사람에게 인사하는 경우 • 상사가 주재하는 회의, 면담, 대화의 시작과 끝에
보통의 인사 (30도)	일상생활에서 가장 많이 행하는 정식인사다.
 **보통의 인사** **(30°)** • 안녕하십니까? • 어서오십시오. • 반갑습니다. • 안녕히 가십시오. • 다음에 또 뵙겠습니다. • 즐거운 시간 되십시오.	① 방법 : 허리를 30도 정도 굽히면서 1m 정도 앞쪽을 바라보고 두 손을 앞으로 하여 무릎 윗부분에서 모은 후 그 자세를 2~3초 정도 유지한 후 고개를 든다. • 여자는 두 손을 앞으로 모으면서 몸을 숙인다. • 남자는 팔과 손을 몸 쪽에 붙인다. ② 상황 • 고객이나 상사를 만나거나 헤어지는 경우 • 보편적으로 처음 만나 인사하는 경우 • 상사에게 보고를 하거나 지시를 받을 경우 – 안녕하십니까? – 어서오십시오. – 반갑습니다. – 안녕히 가십시오. – 다음에 또 뵙겠습니다. – 즐거운 시간 되십시오.

정중한 인사(45도)	가장 정중한 인사로 손님과의 첫 대면이나 감사, 사과, 고객맞이, 배웅 등을 할 때 정중례를 한다.
 **정중한 인사** **(45˚)** • 감사합니다. • 죄송합니다. • 진심으로 사과드립니다. • 고객님, 정말 죄송합니다.	① 방법 • 두 손을 앞 또는 몸 쪽에 가지런히 모으고 상체를 45도 정도 굽히고 눈은 자신의 발 앞을 향한다. • 하나, 둘, 셋에 상체를 구부리고 넷에 정지, 다섯, 여섯, 일곱에 상체를 일으킨다. • 가장 정중한 의미 있는 인사로 가벼운 표정을 짓거나 입을 벌리고 웃는 표정은 삼가한다. ② 상황 • 감사의 뜻을 전하는 경우 • 잘못된 일에 대해 사과하는 경우 • 면접이나 공식석상에서 처음 인사하는 경우 • VIP 고객이나 직장의 CEO를 맞이할 경우 – 감사합니다. – 죄송합니다. – 진심으로 사과드립니다. – 고객님, 정말 죄송합니다.

인사의 실례 [약손명가 인사법]

표 3-4 약손명가〈직원 상호 간 인사법〉

직원 상호 간 인사법	두 손을 모아 합장한 뒤 단중에 대고 "안녕하세요~, 반갑습니다, 약손명가 ○○점 ○○○입니다."
근무 중 나를 부를 때는	네, 원장님 !! / 네, 실장님 !! / 네, 주임님 !! / 네, 선생님 !!

표 3-5 약손명가〈고객에 대한 인사법〉

고객에 대한 인사법	두 손을 모아 합장한 후 "안녕하세요~, 반갑습니다."
고객관리 전 인사법	두 손을 모아 합장한 후 "안녕하세요~, 반갑습니다, 약손 ○○○입니다." "오늘은 ○○○를 관리해 드립니다."
고객관리 후 인사법	"오늘은 ○○○에 좋은 관리를 해 드렸습니다." "감사합니다."
고객이 나갈 때	"감사합니다. 안녕히 가세요."

3. 자세 예절

(1) 서 있는 자세

① 등과 가슴을 곧게 펴고, 허리와 가슴이 일직선이 되게 한다.

② 아랫배에 힘을 주어 단전을 단단하게 한다.

③ 부드러운 시선으로 상대방의 얼굴을 바라보고, 턱은 살짝 당겨주며, 입은 자연스럽게 다문다.

④ 여성은 오른손이 위로, 남성은 왼손이 위로 가게 한다. (남좌/여우)

⑤ 여성은 엄지가 배꼽의 약간 아래쪽에 오도록 하여 서고 남성은 팔을 자연스럽게 아래로 내린다. (엄지로 깍지를 끼고 손가락이 보이지 않도록 안으로 넣는다. 이때 손톱은 공격심을 드러내는 것이므로 안 보이도록 가볍게 말아 쥔다.)

⑥ 발꿈치는 붙이고, 발의 앞은 살짝 벌려 V자형으로 한다.

(2) 앉는 자세

① 앉을 의자의 위쪽을 흔들리지 않도록 가볍게 잡고 조용히 앉는다.

② 등받이 깊숙이 앉으며, 등과 등받이 사이는 주먹이 하나 들어갈 정도로 간격을 두고 앉는다.

③ 고개는 반듯하게 들고, 허리, 가슴은 펴고, 턱은 당긴다.

④ 여성은 두 손을 무릎 위에 나란히 놓고 무릎을 붙여서 발을 한쪽 방향으로 모은다.

⑤ 남성은 두 손을 무릎 위에 나란히 놓고 다리는 약간 벌리면서 앉는다.

⑥ 몸 전체의 힘을 빼고 표정은 편안하게 갖는다.

(3) 걷는 자세

걸음걸이는 일에 대한 그 사람의 자부심의 정도와 신뢰감까지도 형성해 준다.

① 등은 곧게 세우고, 어깨의 힘을 빼며, 가슴은 쫙 편다.

② 시선은 정면을 향하고, 턱은 가볍게 당긴다.

③ 무릎은 곧게 펴고 배에 힘을 주어 당기며, 몸의 중심을 허리에 둔다.

④ 두 팔은 자연스럽게 드리우고 걸음에 맞춰 약간 흔들어 준다.

⑤ 무릎은 스치는 느낌이 들도록 벌어지지 않게 하고, 일직선으로 걷는다.

⑥ 발뒤꿈치 → 발바닥 → 발끝 순서로 지면에 닿게 한다.

⑦ 실내인 경우 실외에서보다 보폭을 좁게 하며, 발 소리가 나지 않게 주의한다.

⑧ 신을 끌지 않으며, 팔자걸음으로 걷지 않도록 한다.

	걷는 자세		
여자			
남자			

(4) 방향 안내 자세

방향을 안내할 때는 손과 팔을 사용하며(팔의 구부림과 편 정도로 거리감을 나타냄), 한 손가락이나 고갯짓으로 지시하거나 상대방을 보지 않고 지시하는 것은 매우 무례한 행동이다.

① 방향을 가리킬 때는 손바닥이나 손등이 정면으로 보이지 않도록 45도 각도로 눕혀서 가리킨다.
② 사람을 가리킬 때는 두 손을 모두 사용해 안내한다.
③ 물건을 가리킬 때에는 한 손은 방향을 가리키고, 다른 한 손은 아랫배 쪽에 둔다.
④ 오른쪽을 가리킬 때는 오른손을, 왼쪽을 가리킬 때는 왼손을 사용한다.
⑤ 손가락을 모으고 손목이 꺾이지 않도록 가리키는 방향을 유지한다.
⑥ 시선은 먼저 상대방의 눈을 보고, 가리키는 방향을 손과 함께 본 후, 다시 상대방의 눈을 본다(**삼점법: 상대방의 눈→지시방향→상대방의 눈**).
⑦ 상대방의 입장에서 구체적이고 정확하게 위치를 안내한다.

표 3-5 안내 시 손의 위치

안내 자세	안내 시 손의 모양

• 손의 높이는 어깨와 허리선 사이가 가장 적합하며, 거리는 손의 높이로 조절한다.
• 먼 곳은 손을 높게, 가까운 곳은 손을 낮게 조절한다.

우측방향은 오른손으로 안내	좌측방향은 왼손으로 안내

(5) 물건 수수 자세

① 물건을 건넬 때에는 가슴과 허리 사이 위치에서 주고 받도록 한다.

② 반드시 양손으로 주고받는다.

③ 작은 물건을 주고받을 때에는 한 손을 다른 한 손으로 받쳐서 공손히 주고 받도록 한다.

④ 받는 사람의 입장을 고려하여 전달한다(글자의 방향이 상대방을 향하도록 하고, 펜 등의 도구를 건넬 때는 바로 사용하기 편리하도록 건넨다).

4. 안내 예절

(1) 복도에서의 고객 안내 예절

① 안내할 때는 고객보다 2~3보 가량 비스듬히 앞서서 안내한다.
② 몸을 조금 비켜선 자세로 사선 걸음으로 걸으며 손님이 잘 따라오는지를 확인한다.
- 연장자, 상급자가 중앙에 서게 한다.
- 나란히 걸을 때는 연장자가 오른쪽에 서도록 한다.
- 상급자를 수행할 때에는 수행하는 사람이 조금 앞서서 걷는다.

③ 손가락은 가지런히 붙여서 펴고 방향을 안내한다.
④ 시선은 항상 얼굴과 함께 움직인다.
⑤ 손님과의 거리를 확인하면서 걷고, 안내 도중 위치나 장소가 바뀔 때마다 가야할 방향을 손으로 가리키며 미리 말해준다.
⑥ 타인의 앞을 지나쳐 갈 때는 한쪽으로 비켜서 지나가며 "미안합니다", "잠깐 실례하겠습니다." 라고 하면서 목례를 한다.

• 2~3보 앞에서

(2) 계단에서의 고객 안내 예절

① 계단을 올라갈 때는 고객보다 한두 계단 뒤에서 따라 올라가고, 내려올 때는 고객보다 한두 계단 먼저 내려온다.
② 계단의 중앙이 상좌이며 손잡이가 있으면 손잡이 쪽이, 나선 계단의 경우 안쪽이 상좌이다.
③ 남녀가 계단을 올라갈 때는 남자가 먼저 올라가고, 내려올 때는 여자가 앞서 내려온다.

• 손님 먼저 계단으로

(3) 엘리베이터에서의 고객 안내 예절

① 엘리베이터를 탈 때에는 고객에게 미리 행선 층을 알려준다.
② 상석은 엘리베이터로 들어갈 때 왼편 안쪽자리이며, 손님이 중앙에 선 경우 그 주위에 선다.
③ 승무원이 있을 때는 손님보다 나중에 타고, 내릴 때는 손님보다 먼저 내린다.
④ 승무원이 없을 때는 손님보다 먼저 타고, 내릴 때는 손님보다 나중에 내린다.
⑤ 안내자는 엘리베이터 안에서 방문객에게 등을 보이지 않게 옆으로 서서 버튼을 조작한다.
⑥ 손윗사람이나 여성이 먼저 타고 내린다.

• ○층 ~로 안내하겠습니다.

(4) 문에서의 고객 안내 예절

① 당기는 문일 경우에는 문을 먼저 당겨 열고, 서서 고객이 먼저 들어가도록 한다.
② 미는 문은 직원이 먼저 들어가 충분히 열어 문을 잡고 고객을 문 안쪽으로 들어오게 안내한다.

당기는 문일 경우(문이 밖으로 열릴 경우)

미는 문일 경우(문이 안으로 열릴 경우)

(5) 응접실에서의 고객 안내 예절

① 고객을 안내할 때는 1m 정도 대각선으로 앞에 서서 안내한다.
② 응접실에 도착하면 "이곳입니다." 라고 말하고 들어간다.
③ "이쪽으로 앉으십시오." 라고 오른손으로 가리키며 상석을 권한다.
④ 고객이 자리에 앉으면 "잠시만 기다려주시기 바랍니다." 라고 말한다.

응접실로 고객을 안내하는 모습

응접실에 앉은 모습

(6) 상황과 장소에 따른 상석

① 상석의 개념

- 상석의 방향은 동서남북을 기준으로 북쪽이 상석
- 의전 기준의 기본은 오른쪽이 상석

② 기본적인 상석의 기준

- 상석은 입구에서 먼 곳
- 창문이 있는 경우 경치가 좋은 자리나 그림이 보이는 곳

- 비좁지 않고 넉넉한 곳
- 소음이 적은 곳 등 심리적으로 안정을 줄 수 있는 곳
- 상사의 자리가 정해져 있는 경우, 상사와 가까운 자리나 오른쪽이 상석
- 레스토랑에서 웨이터가 먼저 자리를 빼주는 자리

③ 자동차에서의 상석

- 운전사가 따로 있는 경우 : 운전사의 대각선 뒷자석이 최상석이고, 운전기사 옆이 말석이다. (상석 순서 : ① → ② → ③ → ④)
- 차주가 운전을 하는 경우 : 운전석 옆 좌석에 나란히 앉는 것이 매너이고, 운전석 뒷자석이 말석이다. (상석 순서 : ④ → ① → ② → ③)

④ 기차에서의 상석

[상석의 순서]

① 열차 진행방향으로의 창가 → ② 맞은편 창가 → ③ 진행방향 통로좌석 → ④ 맞은편 통로좌석

5. 소개 예절

소개는 사교의 시작이며 좋은 인간관계를 형성하는데 중요한 역할을 한다. 소개 시에는 그 사람의 특기나 장점 등을 담아 소개하면 강한 인상을 주게 되고 효과도 커진다. 반면 한쪽만 칭찬하고 다른 한쪽은 체면을 깎는 소개를 하거나 과장된 소개는 오히려 본인에게 불쾌감을 주어 실례가 될 수 있다.

(1) 소개 순서

① 상하직원 간 : 아랫직원을 먼저 상사에게 소개한 다음 상사를 소개한다(직장 후배를 직장 상사에게).

② 연령이 다른 경우 : 연하인 사람을 먼저 소개하고, 다음에 연상인 사람을 소개한다.

③ 직장 외 사람 간 : 직장사람을 먼저 소개하고, 다음에 외부사람을 소개한다.

④ 고객 간 : 친한 사람, 가까운 관계의 사람부터 소개한다.

(계속)

⑤ 남성과 여성 간 : 남성부터 여성에게 소개한다.

⑥ 직장 외의 사람에게 사내인사를 동시에 소개 할 때 : 한 사람을 먼저 소개하고 다음에 여러 사람을 한 사람씩 소개한다.

⑦ 미혼인 사람을 기혼인 사람에게 먼저 소개한다.

⑧ 집안사람을 손님에게 먼저 소개한다.

(2) 소개 시 주의사항

① 소개 시 소개 받는 사람이나 소개되는 사람 모두 일어나는 것이 원칙이다(환자, 노령자는 예외).

② 여성이 남성을 소개 받았을 때는 반드시 일어날 필요는 없으나 **남성이 여성을 소개받았을 때는 반드시 일어난다.**

③ 소개를 받았다고 바로 손을 내밀지는 않는다.
④ 연장자가 소개를 받고 악수 대신 인사를 하면 연소자도 이에 따른다.
⑤ 연소자가 연장자에게 소개되었을 때 연장자가 악수를 청하기 전에 손을 내밀어서는 안 된다.
⑥ 부부를 소개받았을 경우 동성 간에는 악수를, 이성 간에는 간단한 목례를 한다.
⑦ 소개자의 소속, 직책, 성명 등을 간단하게 설명한다.
⑧ 직위와 성별 등이 혼합된 다수의 사람이 있을 경우 각자 소개하는 것이 효과적이다.

6. 악수 예절

악수는 상대방에 대한 반가움과 존경의 표시로, 손을 잡음으로써 일체감과 호의적인 관계를 형성하는 관계형성의 첫걸음이다.

(1) 악수 원칙

① 여성이 남성에게
② 연장자가 연소자에게
③ 기혼자가 미혼자에게
④ 지위가 높은 사람이 지위가 낮은 사람에게
⑤ 선배가 후배에게

[예외]

- 국가원수, 왕족, 성직자 등은 소개와 함께 머리를 숙여 인사를 하고, 악수를 청할 경우 허리를 숙여 악수한다.
- 남성은 일어서고 여성은 윗사람이 아닌 경우 앉아서 해도 무방하다.

(2) 악수 방법

① 상대방의 눈을 응시해 주어야 신뢰감을 형성할 수 있다.

② 자연스럽고 부드러운 미소를 지어 친근하고 긍정적인 인상을 심어준다.

③ 적당한 거리를 유지한다.

- 손을 지나치게 길게 뻗기보다는 손을 팔꿈치 높이만큼 올려서 팔꿈치가 자연스럽게 굽혀지는 정도의 거리에 서서 손을 내미는 것이 좋다.

④ 손은 적당한 힘으로 잡고, 2~3번 상하로 흔든 뒤, 약 2초 정도 잠시 상대방의 손을 꼭 잡았다가 놓는다.

⑤ 손이 더러울 경우 양해를 구한 뒤 손을 씻은 후 악수하거나, 인사로 대신한다.

7. 명함 예절

명함은 자신의 얼굴이자 처음 보는 사람에게 자신의 존재를 알려주는 자기소개서이다.

(1) 명함을 주는 방법

① 얼굴에 미소를 띤다.

② 반드시 일어선다.

③ 상체를 10도 정도 숙이며 "안녕하십니까? 저는 ○○에 ○○○이라고 합니다(입니다.)" 라고 먼저 인사한다.

④ 오른손으로 가슴과 허리선 사이에서 상대방이 자신의 이름을 바로 볼 수 있도록 건넨다.

⑤ 선자세로 왼손을 받쳐서 오른손으로 명함의 여백을 잡고 건넨다.

⑥ 윗분, 고객, 여성에게 먼저 드린다.

(2) 명함을 받는 방법

① 명함을 받을 때에도 일어서서 양손으로 공손하게 받는다(동시에 주고받을 때는 오른손으로 주고 왼손으로 받는다).

② "○○의 ○○○실장님이시군요!" 라고 말하며 상대를 확인하고 명함과 상대를 번갈아 본다.

③ 명함을 받으면 자신의 명함도 주어야 한다.

④ 명함이 없는 경우 정중히 사과하고, 상대의 의견을 물어 상대가 원할 경우 종이에 적어준다.

⑤ 받은 명함을 읽어 본 다음 어려운 글자가 있으면 "죄송합니다만, 존함을 어떻게 읽습니까?" 하고 그 자리에서 물어본다.

⑥ 받은 명함은 허리선 아래로 내리지 않으며, 명함지갑에 넣거나 대화가 이어지는 경우 테이블 위에 올려놓고 직위와 이름을 기억하며 대화를 해야 한다.

(3) 명함 예절

① 명함은 아랫사람이 윗사람에게 먼저 건넨다.

② 명함은 여유 있게 준비하고, 명함지갑에 깨끗하고 바르게 넣어 보관한다.

③ 명함지갑은 꺼내기 쉬운 곳(남자: 가슴 포켓, 상의 안주머니 / 여자: 핸드백)에 넣어둔다.

④ 방문자가 상대방에게 먼저 건넨다.

⑤ 소개를 받은 사람부터 건넨다.

⑥ 명함을 받자마자 바로 명함지갑에 집어넣는 것은 실례이다.

⑦ 앉아서 대화를 나누다가도 명함을 교환할 때는 일어서서 교환하는 것이 원칙이다.

가로 명함을 주는 예절

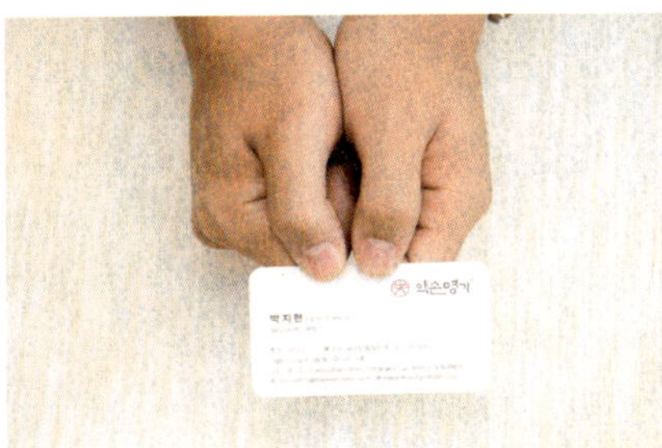

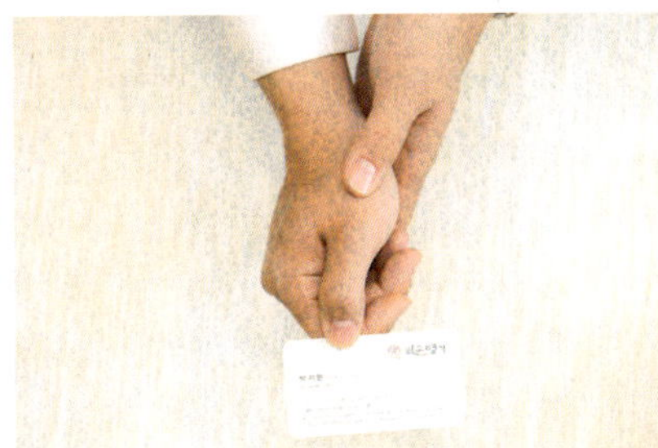

세로 명함을 주는 예절

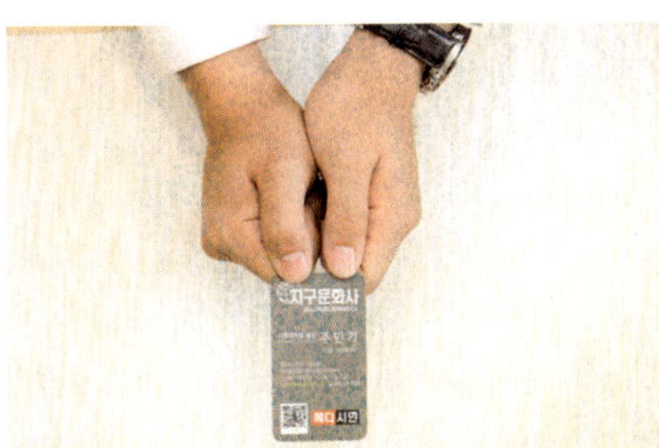

맞교환 예절

(4) 예의에 어긋나는 명함 교환

① 명함을 옷, 또는 가방 여기저기에서 분주히 찾는 행위

② 명함을 일반 지갑 또는 뒷주머니에 보관했다가 건네는 행위

③ 받은 명함을 아무 데나 방치하는 행위

④ 보는 앞에서 받은 명함에 메모를 하는 행위

⑤ 상대방에게 자신을 소개하지 않고 그냥 명함만 건네는 행위

8. 전화 예절

첫인상이 중요하듯 전화는 기업의 첫 이미지를 형성하고 기업의 브랜드 이미지를 향상 시킬 수 있는 중요한 연결 통로로 전화를 걸고 받을 때는 신속, 정확, 친절, 간결해야 한다.

(1) 좋은 전화응대를 위한 자세

1) 목소리 make-up

① **자세를 바로 하라** : 말을 할 때는 항상 등을 곧게 펴고 가슴을 올리고 배에 힘을 주며 집어넣는 자세를 취할 것.

② **톡톡 튀는 밝은 목소리로 생동감있게 이야기하라** : 항상 밝고 희망적인 생각을 하며 긍정적인 말을 할 것, 내 말을 듣고 있는 상대가 유쾌한 기분이 들도록 환하게 리듬을 타며 말을 할 것.

③ **발음을 정확하게 하면서 목소리를 낮추어라** : 매일 신문의 사설 부분을 큰 소리로 낮고 정확한 발음으로 음독하는 연습을 하라. 발음을 더욱 분명하게 하고 싶다면 입에 볼펜을 문 채로 소리를 내서 읽는 훈련을 하면 좋다.

④ **콧소리를 없애라** : 혀를 느슨하게 하고 목과 입을 열어 소리가 코로 새는 것을 막아야 한다.

⑤ **날카로운 소리를 자제하라** : 자세를 바로 하고 한 호흡씩 늦춰서 여유를 갖고 말할 것.

⑥ **목을 잘 관리하라**

- 흡연, 목기침, 피로 등으로 성대에 부담을 주는 것을 피할 것.
- 목소리가 잘 안 나올 때는 길게 숨을 쉬거나 침묵하거나 따뜻한 차를 마실 것. (예 : 레몬차)
- 매일 소금물로 가글링을 하며, 목을 깨끗하고 건강하게 관리할 것.

(2) 전화 받을 때의 예절

① 벨이 울리면 목소리를 가다듬는다.

② 벨이 3번 울리기 전에 신속히 왼손으로 받고, 오른손은 메모 준비를 한다.

③ 부득이 늦게 받았을 때는 "늦게 받아서 죄송합니다." 하고 먼저 정중하게 사과의 말을 전한다.

④ 인사말과 함께 소속 및 이름을 밝힌다.

"안녕하십니까? 약손명가 ○○○ 실장입니다." "무엇을 도와드릴까요?"

⑤ 상대방을 정중하게 확인한 후 인사한다.

"실례지만 어디십니까?" "○○○ 고객님이시군요!"

⑥ 응대하면서 중요한 사항은 복창하여 확인하며, 요점을 메모한다.

"죄송하지만 다시 한 번 확인하겠습니다. 용건이 ~에 관한 거 맞습니까?"

⑦ 용무와 어울리는 끝맺음 인사를 한다.

"네, 고맙습니다. 즐거운 하루 되십시오."

⑧ 상대방이 전화를 끊은 것을 확인한 후 수화기를 의식적으로 살며시 내려 놓는다.

⑨ 타인에게 걸려온 전화는 양해를 구하고 전화를 돌린다.

"잠시만 기다려 주시겠습니까? 곧 연결해 드리겠습니다."

⑩ 전달해 줄 내용은 메모지에 정리해서 즉시 전달한다.

(3) 전화 걸 때의 예절

1) 전화 걸기 전

① 전화를 걸어도 되는지 상대방의 상황을 먼저 생각해 본다.

② 상대방의 전화번호, 소속, 직급, 이름 등을 미리 확인한다.

③ 필요한 용건과 말할 순서를 메모하고, 필요시 서류를 옆에 준비한다.

2) 전화 걸기

① 왼손으로 수화기를 들고 오른손으로 전화번호를 누른다.

② 상대방이 전화를 받으면 자신을 밝힌 후 상대방을 확인한다.

"안녕하십니까? 저는 약손명가 ○○○실장입니다. ○○○고객님 되십니까?"

"안녕하십니까? 저는 약손명가 ○○○실장입니다. 죄송합니다만 ○○○계십니까?" 또는 "○○○ 부탁드립니다."

③ 간단히 인사말을 나눈 후 용건을 간단히 말한다.

"다름이 아니라 ~~건으로 전화를 드렸습니다."

④ 용건이 끝나면 내용이 잘 전달되었는지 다시 확인하고 정리한다.

"다시 한 번 말씀드리겠습니다.~~"

⑤ 마무리 인사를 한다.

"네, 고맙습니다. 즐거운 하루 되십시오."

⑥ 상대방이 전화를 끊은 것을 확인 후 수화기를 의식적으로 살며시 내려놓는다(상대가 고객, 윗사람인 경우 상대가 먼저 끊도록 하고, 동료일 경우에는 전화건 사람이 먼저 끊도록 상황에 맞춰 끊는다).

⑦ 통화 상대와 연결이 안 되었을 경우 후속 조치를 취한다.

"죄송하지만 메모를 부탁드려도 되겠습니까?"

1. 기본요령

벨이 울리면 바로 받는다 → 상호명 부서명 성명 → 상대방을 확인한다 → 인사를 한다 → 용건을 묻는다 → 요점을 복창한다 → 끝맺음 인사를 한다 → 수화기를 놓는다

2. 본인이 직접 전화를 받을때

벨이 울리면 바로 받는다	상호명 부서명 성명	인사를 한다	메모를 하면서 경청한다	통화내용을 요약 복창한다	끝맺음 인사를 한다	수화기를 놓는다
벨이 2번 울릴 때가 가장 적합	정확한 발음 정중한 말씨 다정한 음성	밝고 명량하게	왼손: 수화기 오른손: 펜	중요내용,숫자, 장소, 위치 등 요약 복창	전화인사도 실제처럼, 감사하는 마음으로	상대가 전화를 끊는것을 확인하고 끊는다

그림 3-7 전화 예절

(4) 상황별 전화고객 응대 화법

상 황	적절한 전화 응대 화법
전화가 잘 들리지 않을 경우	① 한 번 더 말해 줄 것을 요청하거나 다시 걸어주도록 정중히 요청한다. • "죄송합니다만, 잘 들리지 않습니다. 다시 한 번 전화해 주시겠습니까?" ② 상대방의 탓이 아닌 전화기 탓으로 돌린다. • "전화기 상태가 좋지 않습니다. 좀 더 큰 소리로 말씀해 주시겠습니까?"

(계속)

상 황	적절한 전화 응대 화법
전화를 바꾸어 줄 때	① 전화를 건 사람과 받을 사람을 확인하고, 대기 버튼을 누른 후 내용을 전달하고 바꿔준다. • "○○○입니까? 잠시만 기다려 주십시오." • "혹시 끊어지면 123번으로 하시면 됩니다." ② 제3자가 받을 상황이 어려운 경우 • 제3자에게 메모를 남기거나 중간 상황을 알려준다. • 손님에게는 "○○○씨는 지금 통화 중이오니 잠시만 기다려 주시겠습니까?" 또는 "손님! 죄송하지만 ○○○씨가 통화가 좀 길어질 것 같습니다" 라고 응대한다. • "제가 메모를 해서 전화가 끝나는 대로 연락드리도록 하겠습니다." 라고 정중하게 양해를 구한다.
전화가 잘못 걸려왔을 때	① 친절하고 정중하게 상대방이 무안하지 않도록 응대한다. • "실례하지만, 몇 번으로 전화하셨습니까?" 라고 번호를 확인한다.
받을 사람이 부재중일 때	① 부재중인 이유와 일정을 알려준다. • "손님, 죄송합니다만, ○○○고객님께서는 지금 관리 중입니다. 약 1시간 후 쯤 끝날 예정입니다" ② 대신 용건을 받아도 되는지 묻는다. • "실례합니다만, 무슨 일 때문에 그러십니까? • "아! 네, 그 일이라면 다른 담당자인 ○○○씨를 바꿔 드리겠습니다." • 용건을 부탁받았을 때는 반드시 확인하고 메모를 한다.
통화 도중에 고객이 올 때	① 먼저 눈인사나 가벼운 목례로 곧 응대할 것을 알린다. ② 가능한 한 통화는 빨리 끝낸다. ③ 통화가 길어질 경우 양해를 구한다. ④ 급한 경우 다른 직원에게 방문 고객을 응대할 수 있도록 한다.
불평 전화를 받았을 때	① 고객의 말을 무조건 끝까지 듣는다. ② 사실을 확인하기 전에 먼저 사과하고 불만 사항을 조사한다. ③ "고객님, 정말 죄송합니다." ④ "착오가 있었던 것 같습니다. 불편을 드려 죄송합니다." ⑤ "당장 알아보고 답변을 드리도록 하겠습니다." ⑥ 불만사항의 처리 시간을 정확히 한다. ⑦ 전화를 끊기 전에 다시 사과를 하거나 인사를 한다.
통화를 끝낼 때	용건이 끝났으면 상대방이 끊은 후 수화기를 내려놓는다. 간혹, "들어가세요." 또는 "들어가" 로 인사말을 대신하는 사람이 있는데 이는 사람을 불쾌하게 할 수 있는 매우 불분명한 말투이므로 "잘 있게." 또는 "고맙습니다." "안녕히 계세요." 와 같은 말로 고쳐 사용하도록 한다.

* CS Leaders(관리사) 자격증 수험서 p.493 상황별 전화고객응대 화법 표 참조

수행 Tip

[전화상담 실례] – 약손명가 전화상담 예절

직원 : "네 효과로 보답하는 약손명가 OO OOO입니다." 하고 받는다.
　　– 무엇을 도와드릴까요. 고객님

고객 : 얼굴이 커서 고민인데 무슨 관리를 받아야 하나요?

직원 : – 고객님의 말씀을 들어보니 얼굴이 커서 고민이신 것 같네요.
　　– 그렇다면 작은 얼굴 만들기 관리를 받으시면 됩니다.
　　– 작은 얼굴 만들기 관리에 대해서 궁금한 점이 있으십니까?

고객 : (가격이 궁금하다.)

직원 : – 네, 작은 얼굴 만들기는......
　　– 다른 문의 사항은 없으십니까?

고객 : (OOO이 궁금하다)

직원 : – 네, OOO이 궁금 하시다구요. OOO은
　　– 혹시 효과에 대해 의문 사항은 없으시나요?

고객 : (***에 대해 궁금하다)

직원 : 네, ***에 대해 궁금하시구요. ***은......

고객 : (궁금하지 않습니다)

직원 : – 네, 궁금한 점이 없으시군요.
　　– 고객님, 저희 약손명가에서 관리를 받으시면 얼굴만 작아질 뿐 아니라 이목구비도 같이 예뻐집니다. 그러니 관리를 받아보시겠습니까?
　　– (네) 네, 감사합니다. 고객님
　　– 그럼 오늘 상담을 받아보시겠습니까?

고객 : (네) 네, 감사합니다.

직원 : 고객님, 몇 시에 상담을 받고 싶으신가요?

고객 : (오전 11시) 네, 감사합니다. 고객님

직원 : – 그럼 상담은 ○월○일 오전 11시로 예약해드렸습니다.
　　– (네) 네, 알았습니다. 고객님
　　– 꼭 오세요. 고객님이 원하시는 모습으로 만들어드리겠습니다.
　　– (아니오) 네, 알겠습니다. 고객님,
　　– 혹시 더 궁금한 사항은 없으신가요?

고객 : (네 없습니다.) 감사합니다.

직원 : – 고객님 혹시 저희 홈페이지를 보신 적이 있으신가요.
　　아직 읽지 못하셨다면 읽어 보시고 더 궁금한 사항이 있으시면 언제든지 전화주세요.
　　– 그럼 전화 주셔서 감사합니다. 관리사 OOO이었습니다. 오늘도 행복한 하루 보내세요. ^^

※ 밝은 목소리로 상담할 것

※ 상담자의 이름을 밝힐 것

※ 고객님 질문에 대한 바르게 대답할 것

9. 조문 예절

동양에서는 예로부터 관혼상제(冠婚喪祭) 중에서 죽은 이에 대한 의식인 상례(喪禮)가 가장 엄숙한 의식이며 중요한 예절로 여겼다. 근래에는 사회의 변화에 따라 장례식장을 이용하고 절차 역시 간소화하는 등 많은 변화를 가져왔다.

1) 조문(弔問)이란?

조문이란 조상(弔喪: 죽은 이에게 예를 표함)과 문상(問喪: 상주에게 위로의 예를 표함)을 함께 일컫는 말로 상가에 가서 죽은 이에게 예를 올리고 유족을 위로하는 것을 말한다.

2) 조문 절차

① 가까운 사이인 경우는 연락을 받는 즉시 상가로 가서 조문을 하고 도울 일을 찾는다.

② 상가(빈소)에 도착하면 문 밖에서 외투나 모자는 미리 벗어 둔다.

③ 상제(喪制)에게 목례로 조의를 표한다.

④ 영정 앞에서 가벼운 목례로 조의를 표하며 영정 앞에 무릎을 꿇고 향에 촛불을 이용하여 불을 붙인다.

⑤ 향은 손가락으로 끄거나 왼손을 가볍게 흔들어서 끈다.

⑥ 두 손으로 향로에 향을 꽂는다.

⑦ 영좌가 입식인 경우에는 허리를 90도로 굽혀 한 번 경례하고, 좌식으로 되어 있으면 두 번 절한다.

⑧ 일어서서 영정에 다시 목례(반배)를 하고 상제와 맞절을 한다.

⑨ 상제에게 애도의 말을 전할 때는 낮은 목소리로 짧게 위로의 말을 하되 질문을 하는 것은 예의에 어긋나므로 자제한다.

⑩ 조문이 끝나고 나올 때에는 두세 걸음 뒤로 물러난 뒤, 몸을 돌려 나온다.

⑪ 호상소(접수부) 또는 부의함에 부조금을 전하고, 대접하는 다과가 있으면 간단히 먹고 돌아온다.

3) 조문 복장

[남성의 복장]

① 검정색 양복 또는 무채색 계열이나 감색 양복을 입는다.
② 셔츠는 흰색으로 입고 넥타이, 양말, 구두는 검정색 계열로 한다.
③ 사정상 정장을 착용하지 못할 경우 화려한 색감을 피한 단정한 평상복을 착용한다.

[여성의 복장]

① 검은색 복장이 좋으나 상의는 흰색도 무난하다.
② 눈에 띄지 않는 어두운 색상 또는 짙은 청색, 밤색 계열의 의상도 가능하다.
③ 장신구나 귀금속의 착용은 자제한다.
④ 진한 메이크업이나 향수는 피한다.

4) 조문 시의 주의사항

① 유족에게 계속해서 고인에 대한 질문을 하거나 말을 시키는 것은 결례이다.
② 친지나 친구를 만나더라도 큰 소리로 이름을 부르지 않으며 낮은 목소리로 조심스럽게 말하고 조문이 끝난 뒤 밖에서 따로 이야기하도록 한다.
③ 고인의 사망 원인, 경위 등을 유족에게 상세하게 묻는 것은 실례가 된다.
④ 망인이 장수하시고 돌아가셨을 때 호상(好喪)이라 하여 웃고 떠드는 일이 있으나 이는 옳지 않다.
⑤ 밤샘이나 일을 돕는 사람이 아닐 경우 오래 지체하여 유족에게 부담이 되지 않도록 한다.
⑥ 상례절차에 대해서 지나치게 간섭하지 않는다.

여성 복장 차림

남성 복장 차림

그림 3-8 조문 복장

10. 경어법과 호칭

<table>
<tr><td>경어법과 호칭</td><td>① 내부고객에게
• (○) ~씨, ~선생님, ~실장님
• (×) ~야, ~언니
② 외부고객에게
• 여자 고객의 경우 〈고객님〉, 〈손님〉, 〈사모님〉 이라고 부른다.
• 남자 고객의 경우 〈고객님〉, 〈사장님〉 이라고 부른다.
• 어린이 고객의 경우 〈꼬마 고객〉, 〈자제분〉, 〈아드님〉, 〈따님〉 등으로 부른다.
③ 같이 온 사람은 〈함께 오신 분〉, 〈동행하신 분〉 등으로 부른다.
④ 나보다 높은 사람이지만 더 높은 사람에게 이야기 할 때는 그 사람을 낮춰 말한다. (압존법)
• 대표님, 김 원장님께서는 지금 외근 중이십니다. (×)
• 대표님, 김 원장(님)은 지금 외근 중입니다. (○)
⑤ 상사 앞에서 자신을 지칭할 때는
• 〈저는~〉, 〈제 생각으로는~〉</td></tr>
<tr><td>상급자에 대한 호칭</td><td>① 상사의 성과 직위를 붙여 부르고 마지막에 〈님〉자를 붙여 존경을 표한다.
• 김 원장님</td></tr>
<tr><td>하급자에 대한 호칭</td><td>① 직책과 직급명이 없는 하급자의 경우
• 성+이름+〈씨〉 (예) 김보람씨</td></tr>
<tr><td>동료, 동급자의 호칭</td><td>① 동급자라도 연령이 위인 경우 → 〈직급+님〉
② 나이가 10년 이상 위인 경우 → 〈○○○ 선생님〉
③ 나이가 10년 이내의 위인 경우 → 〈○○○ 선배님〉
④ 같은 또래로 친한 경우 → 성이나 성명 + ○○○씨, ~〈형〉</td></tr>
<tr><td>잘못된 호칭</td><td>① 아줌마, 아저씨, 아가씨, ○ ○ ○씨</td></tr>
<tr><td>틀리기 쉬운 호칭</td><td>① 상사에 대한 존칭은 호칭에만 사용한다.
[예] 원장실(○) – 원장님실 (×)
② 문서의 경우 존칭을 생략한다.
[예] 원장 지시(○) – 원장님 지시 (×)</td></tr>
<tr><td>주의를 요하는 호칭</td><td>① 상대방의 이름을 복창할 경우 → "성, ○자 ○자 입니까?"
② 다른 사람에게 자신을 소개할 경우 → 〈자〉라는 말을 붙이지 않는다.
③ 윗사람에게 "수고하십시오." 라는 말은 하지 않는다.</td></tr>
</table>

학습 요약

1. 직장생활의 5대 원칙?

① 상대방의 입장을 존중하라.

② 약속은 반드시 지켜라.

③ 인성이 좋은 사람이 되도록 노력하라.

④ 인간관계를 잘 유지해라. 내부고객, 즉 상사, 선후배, 동료들을 우선적으로 만족시킨다.

⑤ 고객만족 서비스를 최우선으로 염두해 두어라.

⑥ 정리, 정돈, 청소, 청결, 친절을 습관화하도록 하라.

⑦ 역지사지를 명심하라.

2. 아침 출근 시 예절

① 출근시간보다 10~15분 정도 먼저 숍에 도착한다.

② 직원 간에 서로 합장하여 밝고 명랑한 표정으로 친근감 있는 인사를 나눈다.

③ 탈의실로 들어가 유니폼을 갈아입은 후 근무복장을 갖춘다.

- 검정 머리 망(머리가 흘러내리지 않도록 할 것)
- 깨끗하고 주름살 없는 유니폼 착용
- 검정색 양말 & 검정색 스타킹, 검정 슬리퍼
- 자연스럽게 밝고 건강해 보이는 메이크업

④ 근무 복장을 원장님께 확인한 후 출근 카드를 찍는다.

⑤ 냉·난방기, 베드를 예약고객에 맞추어 알맞은 온도로 조절해 놓는다.

⑥ 냉·온습포를 예약고객의 필요수량보다 약간 여유있게 만들어 놓는다.

⑦ 베드 세팅을 한다.

⑧ 인포메이션과 실내 거울 등을 닦는다.

⑨ 전화기의 착신을 푼다.

⑩ 눈, 비가 오는 날에는 인포메이션에 카펫을 깔고 우산 꽂이를 준비해 놓는다.

3. 퇴근 시 예절

① 퇴근 시간 전에 미리 가방을 꾸리거나 서두르지 않는다.

② 직원들 중 먼저 관리를 마친 직원이 먼저 마무리를 시작한다.

③ 고객이 없는 방의 베드 전기코드를 먼저 뽑는다.

④ 근무마감 시 관리를 받고 있는 고객들이 불편함을 느끼지 않도록 정리, 정돈한다.

4. 고객을 맞기 위한 피부미용사의 준비사항

구분	내용
복 장	• 유니폼을 착용한다. • 양말(또는 스타킹)과 슬리퍼를 착용한다. • 명찰을 착용하여 고객에게 자기를 알리고 신뢰감을 조성한다.
위생상태	• 유니폼은 청결해야 한다. • 매일 목욕 또는 샤워를 해 체취를 제거한다. • 구취제거를 위해 마스크를 착용한다. • 손톱을 짧게 하고 손톱 끝은 매끄럽게 정리한다. • 손은 항상 따뜻하게 관리 유지시킨다.
헤 어	• 머리카락이 흘러내리지 않도록 검정색 헤어망을 이용하여 깔끔히 정리한다. • 헤어 컬러는 너무 튀지 않는 자연스러운 컬러를 한다.
메이크업	• 맑고 투명한 피부를 강조할 수 있는 내추럴 메이크업을 한다.

5. 잘못된 인사 예절

① 고개만 끄덕이는 인사

② 동작 없이 말로만 하는 인사

③ 눈을 쳐다보지 않고 하는 인사

④ 분명하지 않은 형식적인 인사

⑤ 계단 위에서 윗사람에게 하는 인사　⑥ 뛰어가면서 하는 인사

⑦ 무표정한 인사

⑧ 인사말이 분명치 않고 어물어물하며 망설임이 느껴지는 인사

⑨ 상황에 맞지 않는 인사(계단 위에서 상급자에게 인사를 하거나, 윗사람에게 〈수고했습니다〉 라고 인사를 하는 경우)

6. 고객응대 시 서 있는 자세예절

① 등과 가슴을 곧게 펴고, 허리와 가슴이 일직선이 되게 한다.

② 아랫배에 힘을 주어 단전을 단단하게 한다.

③ 부드러운 시선으로 상대방의 얼굴을 바라보고, 턱은 살짝 당겨주며, 입은 자연스럽게 다문다.

④ 여성은 오른손이 위로, 남성은 왼손이 위로 가게 한다. (남좌/여우)

⑤ 여성은 엄지가 배꼽의 약간 아래쪽에 오도록 하여 서고 남성은 팔을 자연스럽게 아래로 내린다

⑥ 발꿈치는 붙이고 발의 앞은 살짝 벌려 V자형으로 한다.

7. 고객응대 시 방향 안내 예절

① 방향을 가리킬 때는 손바닥이나 손등이 정면으로 보이지 않도록 45도 각도로 눕혀서 가리킨다.

② 사람을 가리킬 때는 두 손을 모두 사용해 안내한다.

③ 물건을 가리킬 때에는 한 손은 방향을 가리키고, 다른 한 손은 아랫배 쪽에 둔다.

④ 오른쪽을 가리킬 때는 오른손을, 왼쪽을 가리킬 때는 왼손을 사용한다.

⑤ 손가락을 모으고 손목이 꺾이지 않도록 가리키는 방향을 유지한다.

⑥ 시선은 먼저 상대방의 눈을 보고, 가리키는 방향을 손과 함께 본 후, 다시 상대방의 눈을 본다(삼점법: 상대방의 눈·지시방향·상대방의 눈).

⑦ 상대방의 입장에서 구체적이고 정확하게 위치를 안내한다.

8. 고객의 기본 심리

환영기대 심리, 독점 심리, 우월 심리, 모방 심리, 보상 심리, 자기본위적 심리, 존중기대 심리

9. 소개 예절

① **상하직원 간** : 아랫 직원을 먼저 상사에게 소개한 다음 상사를 소개한다.

② **연령이 다른 경우** : 연하인 사람을 먼저 소개하고, 다음에 연상인 사람을 소개한다.

③ **직장 외 사람 간** : 직장사람을 먼저 소개하고, 다음에 외부사람을 소개한다.

④ **고객 간** : 친한 사람, 가까운 관계의 사람부터 소개한다.

10. 악수 예절

① 여성이 남성에게

② 연장자가 연소자에게

③ 기혼자가 미혼자에게

④ 지위가 높은 사람이 지위가 낮은 사람에게

⑤ 선배가 후배에게

11. 명함 예절

① 명함은 아랫사람이 윗사람에게 먼저 건넨다.

② 명함은 여유있게 준비하고, 명함지갑에 깨끗하고 바르게 넣어 보관한다.

③ 명함지갑은 꺼내기 쉬운 곳(남자: 가슴 포켓, 상의 안주머니 / 여자: 핸드백)에 넣어둔다.

④ 방문자가 상대방에게 먼저 건넨다.

⑤ 소개를 받은 사람부터 건넨다.

⑥ 명함을 받자마자 바로 명함지갑에 집어넣는 것은 실례이다.

⑦ 앉아서 대화를 나누다가도 명함을 교환할 때는 일어서서 교환하는 것이 원칙이다.

12. 전화 예절

기업의 첫 이미지를 형성하고 기업의 브랜드 이미지를 향상 시킬 수 있는 중요한 연결 통로로 전화를 걸고 받을 때는 신속(벨이 3번 울리기전), 정확, 친절, 간결해야 한다.

13. 주의를 요하는 호칭

윗사람에게 "수고하십시오." 라는 말은 하지 않는다.

학습 4

고객정보 처리하기

1201010201-14v2.2

학습목표

- 고객관리차트와 상담에 따른 내용을 분류할 수 있다.
- 수집된 관련 정보를 분류하여 정리할 수 있다.
- 분류된 각 정보를 목적에 따라 활용할 수 있도록 관리할 수 있다.

〈지식·기술·태도〉
- 문서작성에 관한 지식
- 정보관리수집능력
- 피부와 관련한 지식

1. 고객상담에 따른 내용분류

1. 상담내용에 따른 분류

(1) 고객정보 제공적 차원의 상담

고객의 피부문제 예방 및 해결을 위한 정보 제공 차원의 상담으로 단편적 혹은 지속적 형태로 이루어진다.

(2) 고객 불만에 대응하는 상담

고객 불만 수준을 낮추기 위한 고객 대응적 차원의 소극적 형태에서 고객 만족 수준을 높이는 적극적 형태의 상담으로 확장되어지도록 한다.

2. 상담과정에 따른 분류

고객상담은 관리 서비스나 제품을 이용하는 과정에서 일어나는 고객의 의사결정을 도와주는 역할을 하므로 관리 전후와 관리 중의 전 과정을 포함하여 다루어진다.

(1) 관리 전 상담

표 4-1 고객신상카드 항목

항 목		내 용
인적사항	고객번호	
	고객성명	
	성별	
	생년월일	
	결혼	
	직업	
	연락처	
	주소	
방문동기 및 목적	방문동기	
	개선하고 싶은 피부 문제점	
생활습관	식습관	
	다이어트	
	운동	
	흡연	
	음주	
	수면	

(계속)

항 목		내 용
건강상태	알레르기	
	생리주기	
	피 임	
	출산경험	
	스트레스	
병력사항		
체형타입		
현재복용약물		
사용화장품		
피부관리경험		

(2) 관리 시 상담

표 4-2 피부분석카드 항목

구 분	항 목		내 용
얼굴관리	피부유형	피지상태	
		수분상태	
		피부결	
		모공상태	
		피부유형평가	
	피부상태	혈액순환	
		민감도	
		탄력도	
		여드름	
		주름상태	
		색소침착	
		UV민감도	
		다모부위	
	피부문제 체크		

(계속)

구 분	항 목	내 용
전신관리	키	
	몸무게	
	BMI(체질량 지수)	
	근육상태	
	체형타입	

표 4-3 고객관리카드 항목

구 분	항 목	내 용
얼굴관리	주요 관리 목적	
	클렌징	
	염색과 눈썹수정	
	딥클렌징	
	미용기기	
	매뉴얼테크닉	
	마스크	
	향후 관리 계획	
	피부관리 조언	
전신관리	주요 관리 목적	
	향후 관리 계획	
	운동 조언	
	식습관 조언	

(3) 관리 후 상담

표 4-4 예약관리카드 항목

항 목	내 용
고객성명	
접수일자	
방문일자	
예약시간	
관리프로그램	
담당 피부미용사	

표 4-5 고객불만관리카드 항목

<table>
<tr><td>접수일자</td><td colspan="2"></td><td>고객번호</td><td></td><td>고객성명</td><td colspan="2"></td></tr>
<tr><td colspan="4">고객불만 내용</td><td colspan="4">조치사항</td></tr>
<tr><td colspan="2">내용</td><td>책임담당</td><td>확인</td><td>원인</td><td>조치내용</td><td>담당</td><td>확인</td></tr>
<tr><td></td><td></td><td></td><td></td><td></td><td></td><td></td><td></td></tr>
</table>

2. 고객정보 자료 수집

상담의 역할은 고객생활에 관련된 다양한 정보를 제공하고 고객에게 적합한 서비스를 제공하여 고객의 문제를 해결하도록 돕고 관리사와 고객 사이의 의사소통을 원활히 하여 고객의 요구를 충족시켜 고객만족도를 높이게 한다.

고객상담에 필요한 여러 가지 정보를 수집하고 이를 체계화하여 필요할 때 활용할 수 있도록 하는 과정과 상담과정에서 고객으로부터 얻은 여러 가지 정보를 유용한 자료로 만드는 과정이다.

1. 고객에게 필요한 자료 수집

고객의 합리적인 소비생활이 이루어기 위하여 관리 프로그램에 대한 정보, 제품의 장단점과 구매상품의 내용 등 광범위한 정보가 필요하다. 특별히 관리 전 이루어지는 고객상담의 중요성이 더욱 커지고 있기 때문에 고객유형별 관리프로그램별 관련된 정보를 체계적으로 수집해야 한다. 실제 관련된 정보를 고객상담 시 활용하기 위해서 고객상담의 체계에 맞추어 어떤 내용의 상담이 이루어지는지 그 과정에 따라 필요한 정보를 수집하도록 한다.

2. 고객과 관련된 정보 수집

고객접점 과정에서부터 고객에게 얻은 자료를 피부미용실 내에서 활용할 실천 가능한 정보로 바꾸고 고객과의 접촉에서 얻어진 정보를 수집하여 관리실 내에 피드백할 수 있는 능력이 필요하다. 관리실에서 제공하는 서비스와 제품에 대해 고객이 어느 정도 만족을 하는지 또는 재방문, 재구매 의사가 있는지 등은 고객과의 접촉에서 얻을 수 있는 중요한 활용자료이다.

3. 고객정보 처리의 목적

고객정보 기록의 주된 기능은 피부미용 전문가가 고객에게 서비스를 제공하는 과정에서 이루어진 전문적 의사결정, 내용과 근거를 기록하는 데 있다. 고객정보 기록은 고객의 일반적 사항과 방문동기를 확인하고 고객의 피부상태와 피부유형을 분석 파악하며 관리목적 수립과 피부관리 계획을 세워 관리단계와 제품설명, 기대효과를 정리하고, 관리 후 변화상태를 평가하는 과정 단계마다 이루어져야 하는 중요한 부분이다. 고객정보 처리의 목적은 고객에게 원활한 서비스를 전달하고 피부미용사의 업무 효율성을 높이는데 있으며 고객 데이터베이스 관리는 시간의 경과에 따라 지속적으로 문서화되어야 한다.

4. 고객정보 처리의 활용

(1) 서비스 내용의 문서화

관리의 시작과 마무리 단계까지 고객신상과 제공한 서비스 내용과 관리과정 및 관리 후 효과 여부 등을 기록하여 문서화한다. 문서화된 정보는 고객과 협의한 계획된 관리프로그램과 서비스를 실제로 실행하였다는 것을 증명하는 자료로 활용되어질 수 있다.

Skin/Body Check List

스킨/바디 체크 리스트

* 컨설팅에 앞서, 고객님의 피부 습관을 파악하는 순서입니다. 편안한 마음으로 해당 사항에 체크해주세요. (중복 체크 가능)

스 킨 SKIN

현재 피부 고민

□ 건조함 □ 어두운 혈색 □ 노화 피부 □ 예민 피부 □ 탄력 □ 모공 □ 트러블 □ 주름

□ 닭살 □ 뚜렷하 않은 이목구비 □ B&W 헤드 □ 성형 붓기 □ 굴곡진 얼굴라인 □건조 □ 흉터

현재 피부 상태 현재 나이는? ________________

[탄력도 체크]

해당사항을 동그라미로 표시해 주세요.

1. 보통의 피부 상태는?

가) 매끄럽지 않고 울퉁불퉁할 때가 많다. 나) 매끄럽고 부드러운 편이다. 다) 거친 편이다.

2. 얼굴의 전체적으로 붓거나 눈 아래의 탄력저하를 느끼십니까?

가) 자주 그런 편이다. 나) 가끔 그런 편이다. 다) 다크써클이 있다.

3. 다크써클은?

가) 거의 없다 나) 가끔 생기기도 한다. 다) 다크서클이 있다.

4. 주름, 잔주름 및 표정으 선의 상태는?

가) 거의 없다 나) 눈가에 잔선이 조금 있다 다) 눈가와 얼굴라인에 약간 있다

라) 입가에도 주름이 있다

5. 멜라닌 색소 침착에 따른 반점이나 기미 주근깨의 상태는?

가) 얼굴 전체에 있는 편이다 나) 눈가나 입가에 조금 있다. 다) 눈가에 약간 있다.

라) 색소거 없는 투명한 피부이다.

6. 피부톤은?

가) 투명하고 밝은 편이다. 나) 가끔 얼굴빛의 투명감이 떨어지는 것을 느낀다.

다) 투명감이 떨어지고 어두운 편이다.

7. 현재 피부 상태는?

가) 촉촉하고 유연한 상태이다. 나) 약간 건조하고 푸석하다 다) 톤이 밝지 않고 어둡다.

[민감성 체크]

매우 심하다(5) 심하다(4) 보통이다(3) 거의 없다(2) 없다(1)을 동그라미로 표시해주세요.

8. 수면부족과 생리 등이 있을 때 피부 트로블이 생기거나 거칠어 집니까? (5 4 3 2 1)

9. 환절기나 온도 변화에 의해 가려움증, 따가움과 같은 피부 트러블이 있습니까? (5 4 3 2 1)

10. 화장품 교체 시 피부 트러블이나 기타 부작용이 일어나는 편입니까? (5 4 3 2 1)

11. 화장품, 향수, 악세사리, 꽃가루 등에 알레르기 반응이 일으킵니가? (5 4 3 2 1)

12. 피부 트로블로 피부과 치료를 받아야 된다고 생각하십니까? (5 4 3 2 1)

13. 햇볕을 쬐면 화끈 달아오르거나 염증이 일어납니까? (5 4 3 2 1)

14. 팩이나 마시지로 염증이 일어난 것이 있습니까? (5 4 3 2 1)

15. 파운데이션이나 메이크업 제품으로 피부트러블을 일으킨 적이 있습니까? (5 4 3 2 1)

바 디 BODY

바디 고민은 체크해주세요.

□ 부종 □ 셀로라이트 □ 탄력 □ 군살 □ 닭살 □ 지방 □ 뭉침

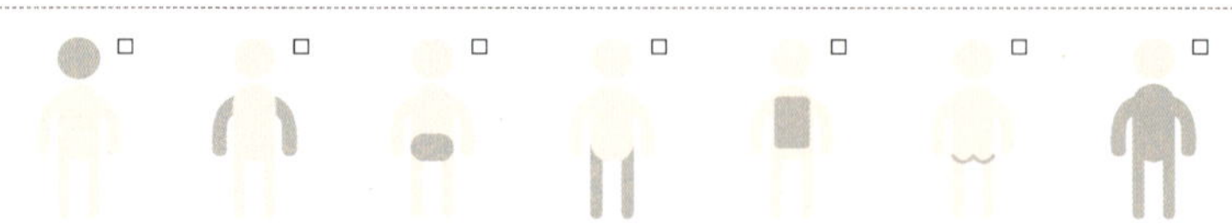

□ 두상 관리 □ 팔 관리 □ 복부 관리 □ 하체 관리 □ 등 관리 □ 힙업 관리 □ 전신 관리

Face(skin) Care List

얼굴(피부)관리 리스트

날 짜	스타터	스트레칭	클렌징	관 리	특기사항	효 과
담당						
담당						
담당						
담당						
담당						
담당						
담당						
담당						
담당						
담당						

고객이 원하는 사항	고객에게 해드릴 사항

관리 전 · 후 카드

년 월 일

· 성명 :

· 연락처 :

· 받으신 관리 프로그램 :

· 방문하신 지점 :

· 관리횟수 :

· 관리 전 · 후 사진

Before

After

· 관리 후 결과 :

약손명가® YAKSON SINCE 1979

(2) 효과적인 서비스를 위한 모니터

고객 특성을 정보화한 자료는 고객관리 시 사전에 부작용을 막을 수 있고 보다 정확한 서비스를 제공할 수 있도록 한다. 서비스 과정을 기록하면서 피부미용사의 활동을 객관적으로 점검할 수 있으며 서비스를 검토하고 평가하고 수정하는 데 중요한 자료가 된다. 서비스 사례에 관한 자료들은 궁극적으로 서비스 효과에 대한 증거를 제공해 주는 자료가 된다.

고객 후기 카드

년 월 일

· 성명 :

· 연락처 :

· 받으신 관리 프로그램 :

· 방문하신 지점 :

· 관리횟수 :

· 관리 후기 :

· 기타 :

약손명가 YAKSON SINCE 1979

얼굴관리 [ ]
관리기록

기록 사항

	날짜	다리관리	담당	선택관리	담당	골기	담당	Pack
				가슴 · 복부/등 · 팔				
				가슴 · 복부/등 · 팔				
				가슴 · 복부/등 · 팔				
				가슴 · 복부/등 · 팔				
				가슴 · 복부/등 · 팔				
				가슴 · 복부/등 · 팔				
				가슴 · 복부/등 · 팔				
				가슴 · 복부/등 · 팔				
				가슴 · 복부/등 · 팔				
				가슴 · 복부/등 · 팔				
				가슴 · 복부/등 · 팔				
				가슴 · 복부/등 · 팔				
				가슴 · 복부/등 · 팔				
				가슴 · 복부/등 · 팔				
				가슴 · 복부/등 · 팔				
				가슴 · 복부/등 · 팔				
				가슴 · 복부/등 · 팔				
				가슴 · 복부/등 · 팔				
				가슴 · 복부/등 · 팔				
				가슴 · 복부/등 · 팔				
				가슴 · 복부/등 · 팔				
				가슴 · 복부/등 · 팔				
				가슴 · 복부/등 · 팔				
				가슴 · 복부/등 · 팔				

고객님이 원하는 것은?

고객님께 해드릴 것은?

1. 성형수술이나 기타 수술을 한 경험이 있습니까?

1. 아토피 또는 피부 트러블이나 병력이 있습니까?

(3) 서비스의 연속성 및 지속성 유지

고객의 피부관리 경험 기록은 앞으로 서비스를 연계해서 지속적으로 제공 할 수 있는 자료가 되며 서비스의 중복성을 막고 시간을 절약할 수 있도록 한다.

Program 관리 프로그램 기록

기간 (회)

신장 cm

현재체중 kg 목표체중 kg

일자	관리	관리자	전 체중	후 체중	효과 만족도	기타

◈ 컨설팅 방향

◈ 전화

(4) 관리실의 서비스 질 평가

고객에 대한 자료와 서비스 과정에서 고객과 접촉하여 얻은 정보를 피부미용사와 피부미용실 내 동료들에게 제공하여 향후 서비스를 계획하고 실행하는데 사용한다. 기록을 통해 얻은 정보는 관리실의 서비스 질 평가를 위한 기초자료로 활용되어진다. 관리사의 활동과 관리실의 환경에 대해 피드백하여 궁극적으로 고객서비스의 질을 높이는데 중요한 자료로 활용한다.

고객 서비스 설문지

サービスアンケートservice questionnaire

이 름 (名前/name) :　　　　　　　　날짜 (日付/date)　　.　　.

평가항목 評価項目 evaluation	만 족 満足 satisfaction	보 통 通常 nomal	불 만 족 不満 dissatisfaction	비 고 備考 note

기타 의견 その他のコメント /and so on

고객서비스 설문지 작성 여부는 자유 의지에 따라 선택하실 수 있습니다.
고객님의 소중한 의견은 약손명가 서비스 질 개선에 반영되어, 고객님께 더 나은 서비스로 되돌려 드립니다. 감사합니다.

약손명가® YAKSON SINCE 1979

(5) 서비스 표준화

서비스를 공식화하고 관리실 내 이루어지는 서비스를 표준화 할 수 있다.

표 4-6 관리사 평가항목

1	근무 시작 전 근무 준비사항은 어떤가?
2	정리 정돈 및 청소를 제대로 하는가?
3	항상 밝은 표정으로 일하는가?
4	관리실에서의 언행, 차림새가 깨끗하며 품위가 있는가?
5	통화 시 적당한 언어를 제대로 사용하는가?
6	고객 관리 시 관리방법을 정확히 이해하고 실행하는가?
7	고객 관리 시 밝은 표정으로 대하는가?
8	고객 대응 시 적당한 언어를 사용하는가?
9	고객 정보 보안에 주의를 기울이는가?
10	업무를 신속 정확히 낭비 없이 처리하며 지체되는 일은 없는가?
11	지저분하지 않으며 뒷마무리를 철저하게 하는가?
12	관리 및 업무를 처리하는데 필요한 지식 및 기술은 갖추었는가?
13	필요한 지식 및 기술을 적극적으로 배우려 하는가?
14	목적 달성을 위해 노력하는 의욕이 강한가?
15	어떤 일에나 차이 없이 끈기 있게 임하는가?
16	업무상의 보고 연락을 신속하게 하는가?
17	일을 가려서 하지는 않는가?
18	주어진 업무는 끝까지 해냈는가?
19	일에 능동적으로 대처하려는 의욕은 어떤가?
20	동료와 협력하여 조직체의 능률 향상에 공헌하는가?

(6) 고객과의 정보공유

고객과 정보를 공유하는 의사소통 도구로 활용할 수 있다. 소비자의 권리를 존중하고 고객이 요구하는 맞춤 서비스를 제공하기 위해 공개할 수 있도록 한다.

약손명가

체험수기

문의합니다

LA올림픽점

원장 Amy choi

주소 2560W Olympic Blvd #102 Los Angeles CA90006

원장 오전 10시 ~ 오후 10시

원장 213-387-7900

정이 | 154 | 2015-06-20

"제가 쌍꺼풀수술을 한지 1달즈음 되어가는데요, 성형수술을 한 경우 작은얼굴관리를 받으려면 시간이 좀 지나야 하나요? 아직 눈을 꾹 누르면 통증이 있어서요."

[comment]

"안녕하세여. 정이 고객님^^"
"저희 약손명가를 방문해주셔서 진심으로 감사합니다."

"쌍꺼풀 수술을 하신지 한달 정도 되었는데 작은얼굴관리를 받으려면 시간이 좀 지나야 받을 수 있는지 궁금하세요?"

실시간 상담 안내

카카오톡으로 비용 및 예약 상담을 실시간으로 이용하실 수 있습니다.
상담시간 내에 빠르게 이용해 보세요.

- 카카오톡ID ysmg79
- 상담시간 평일 오전 9시~오후 8시
  토요일, 공휴일 오전 9시-오후 4시

* 상담시간 외에 보내주신 문의는 답변이 다소 늦어질 수 있습니다.

전화 상담 안내

아래 대표전화로 전화주시면 담당자와 바로 연결되어 자세하 상담과 예약을 안내 받으실 수 있습니다.

- 대표전화 1566-8500
- 상담시간 평일 오전 9시~오후 8시
  토요일, 공휴일 오전 9시-오후 4시

* 문의가 많은 시간대의 경우 연결이 어려울 수 있사오니 카카오톡과 온라인 상담을 이용해 주시기 바랍니다.

온라인 상담 안내

Q&A를 통해 궁금한 점을 물어보세요.
가까운 지역을 골기마스터가 친절하고 자세히 답변드립니다.

- URL http://www.beautymade.com/qua

* 빠른 답변을 원하실 경우 카카오톡과 전화 상담을 이용해 주시기 바랍니다.

그림 4-1 고객의 소리

(7) 고객 관리

고객관련 정보는 고객 사후 관리차원이나 관리실의 홍보에 사용되는 DM발송, 생일이나 기념일 등 특별한 이벤트, 판촉행사, 예약관리 등 적극적인 고객관리를 위해 활용하여 고객이탈을 방지하고 고정 고객화하는데 노력한다.

YAKSON VIP CARD

아름다움을 약속하는 골깊 1년 프리패스

-진심을 담아 모시겠습니다.-

· 성명 :

· 코스명 :

· 기간 :

· 체크포인트 :

제 1기(　　월 ~　　월)

· 관리경과 :

· 희망사항 :

제 1기(　　월 ~　　월)

· 관리경과 :

· 희망사항 :

제 1기(　　월 ~　　월)

· 관리경과 :

· 희망사항 :

그림 4-2　VIP 관리카드

학습 요약

1. 고객상담에 따른 내용분류

(1) 상담내용에 따른 분류

① 피부문제 예방 및 해결을 위한 고객 정보 제공 차원의 상담

② 고객 불만 수준을 낮추기 위한 소극적 형태의 고객 대응 상담과 고객 만족 수준을 높이는 적극적 형태의 상담

(2) 상담과정에 따른 분류

① 관리 전 상담 : 고객신상카드

② 관리 시 상담 : 피부분석카드, 고객관리카드

③ 관리 후 상담 : 예약관리카드, 고객불만 관리카드

2. 고객정보 자료 수집

(1) 고객에게 필요한 자료 수집

고객의 합리적인 소비생활이 이루어기 위한 관리 프로그램, 제품, 구매상품 등 광범위한 정보 수집

(2) 고객과 관련된 정보 수집

고객접점 과정에서부터 고객과의 접촉에서 얻어진 정보를 수집하여 관리실 내에 피드백 할 수 있도록 한다.

(3) 고객정보 처리의 목적

피부미용 전문가가 고객에게 서비스를 제공하는 과정에서 이루어진 전문적 의사결정, 내용과 근거를 기록하여 고객에게 원활한 서비스를 전달하고 피부미용사의 업무 효율성을 높이는데 있다.

(4) 고객정보 처리의 활용

① 서비스 내용, 관리과정, 관리효과의 문서화
② 정확한 서비스, 효과적인 서비스를 위한 모니터
③ 서비스의 연속성 및 지속성 유지
④ 관리실의 서비스 질 평가로 고객서비스 질 향상
⑤ 서비스의 공식화 및 표준화
⑥ 고객과의 정보공유로 의사소통을 통한 맞춤 서비스 제공
⑦ 적극적인 고객 관리로 고정 고객화

평가활용자료

I NCS 능력단위

분류번호 : 1201010201_14v2
능력단위 명칭 : 피부미용 고객 상담
능력단위 정의 : 효율적인 피부관리를 위하여 고객의 방문동기를 파악한 후 고객관리차트를 작성하여, 고객의 피부에 영향을 줄 수 있는 인자를 도출하고 고객의 요구자료를 정보화하여 처리하는 능력이다.

능력단위요소	수행준거
1201010201_14v2.1 방문동기 파악하기	1.1 고객이 관리실을 선택하여 방문한 동기를 파악할 수 있다. 1.2 고객이 상담에 응할 수 있도록 편안한 분위기를 조성 할 수 있다. 1.3 고객이 가지고 있는 피부문제 및 관리 목적을 파악할 수 있다. 1.4 고객과 상담자가 생각하는 피부문제가 다른 경우 그 차이를 설명할 수 있다.
	[지 식] • 상담, 심리 지식 • 피부미용이론 • 식품영양 지식 • 인체해부생리 지식
	[기 술] • 인체해부생리 지식 • 피부유형 식별능력
	[태 도] • 고객을 편하게 응대하려는 의지 • 상대의 의사를 인정하려는 의지 • 대화를 소통하려는 의지 • 객관적 태도

(계속)

능력단위요소	수행준거
1201010201_14v2.2 고객관리차트 작성하기	2.1 고객의 개인 신상 · 건강상태 · 방문동기와 방문목적 등을 기록할 수 있다. 2.2 피부의 문제 결함 등을 피부유형식별 기준에 따라 차트에 기록할 수 있다. 2.3 생활환경에 대한 특성과 고객관리차트 작성 결과를 토대로 피부 관리를 계획할 수 있다.
	[지 식] • 상담 · 심리 지식 • 피부유형 식별 • 피부관리 지식 • 문서작성 지식
	[기 술] • 고객관리차트 작성 능력 • 고객과 상담능력
	[태 도] • 고객을 편안하게 대하려는 의지 • 고객의 말을 들어주려는 의지 • 고객의 심리를 파악하려는 의지 • 정확성을 기하는 태도
1201010201_14v2.3 고객응대하기	3.1 단정한 용모와 친절한 예의로써 고객을 응대할 수 있다. 3.2 고객의 방문목적에 따라 상담실과 작업실을 구분하여 안내할 수 있다. 3.3 고객의 피부관리에 대한 일정관리를 수립할 수 있다.
	[지 식] • 예의와 예절 지식 • 상담대화 지식 • 위생 지식
	[기 술] • 고객심리파악 능력 • 일정관리수립 능력 • 고객응대서비스 능력
	[태 도] • 고객이 편하고 안정적인 분위기 조성 의지 • 쾌적한 작업장 환경을 만들려는 의지 • 친절한 서비스를 제공하려는 의지

(계속)

능력단위요소	수행준거
1201010201_14v2.4 고객정보처리하기	4.1 고객관리차트와 상담에 따른 내용을 분류한다. 4.2 수집된 관련 정보를 분류하여 정리한다. 4.3 분류된 각 정보를 목적에 따라 활용할 수 있도록 한다.
	[지 식] • 개인정보보호법 • 예의와 예절에 관한 지식 • 컴퓨터 활용에 관한 지식
	[기 술] • 고객의 생활환경 파악능력 • 이전 피부관리를 알아내는 능력 • 고객응대서비스 능력
	[태 도] • 고객 신상정보를 보호하려는 의지 • 정확성을 기하는 태도 • 친절한 서비스를 제공하려는 의지

적용범위 및 작업상황

I 고려사항

① 이 능력단위는 고객상담을 위해 방문동기를 파악하고 고객을 응대하며 고객관리차트를 작성하여 고객정보처리 업무에 적용하는 능력이다.

② 이 단위의 고객상담은 효율적인 피부관리를 위해 고객과 자연스러운 대화를 통하여 고객이 이해하고 생활환경 및 피부환경들의 상태를 파악하여 피부에 영향을 줄 수 있는 인자를 도출하여 고객의 요구에 부응하는 피부관리 계획을 세울 수 있는 범위를 말한다.

③ 이 능력단위 중 평가는 실제 상담형으로 이루어지는 것을 고려해야 한다.

④ 이 능력단위에서의 정보는 상담을 통하여 생성된 고객 관리차트에 기재되는 정보를 포함하며 인적정보는 개인정보보호에 관한 법률에 정한 사항을 고려하여야 한다.

⑤ 이 능력단위는 피부미용 고객정보를 수집할 수 있는 능력과 이를 문서화 또는 기록화하여 하여 저장하는 능력이 고려되어야 한다.

⑥ 이 능력단위는 의사소통에 필요한 별도의 상담 테이블 등 고객을 위한 환경과 조건이 구비되어 있는지를 고려해야 한다.

⑦ 이 능력단위는 의사소통에 따른 위험요소를 식별할 수 있는 능력이 고려되어야 한다.

⑧ 이 능력단위는 자료를 수집하여 보관하는 공간과 필요한 관련 사무기기 등이 구비되었는지를 고려한다.

⑨ 이 능력단위는 고객상담과 고객 응대에 필요한 유형별 제품이 구비되어 있는지를 고려하여야 한다.

Ⅱ 자료 및 관련 서류

① 고객관리차트
② 상담 일지
③ 피부미용 소개 책자 및 정보지
④ 화장품 제품안내 책자

Ⅲ 장비 및 도구

① 컴퓨터와 주변기기
② 문서작성 도구
③ 계산기
④ 응접 책상 및 의자
⑤ 전화 및 팩스
⑥ 사무용 기기
⑦ 냉장고

Ⅳ 재료

해당 없음

평가지침

I 평가방법

① 평가자는 능력단위 피부미용 고객상담의 수행준거에 제시되어 있는 내용을 평가하기 위해 이론과 실기를 나누어 평가하거나 종합적인 결과물의 평가 등 다양한 평가 방법을 사용할 수 있다.

② 피평가자의 과정평가 및 결과평가 방법

평가방법	평가유형	
	과정평가	결과평가
A. 포트폴리오		
B. 문제해결 시나리오	√	√
C. 서술형시험		
D. 논술형시험		
E. 사례연구		
F. 평가자 질문	√	√
G. 평가자 체크리스트	√	√
H. 피평가자 체크리스트		
I. 일지/저널		
J. 역할연기		
K. 구두발표		
L. 작업장평가		
M. 기타		

II 평가 시 고려사항

① 수행준거에 제시되어 있는 내용을 성공적으로 수행할 수 있는지를 평가해야 한다.

② 평가자는 다음 사항을 평가해야 한다.

- 고객상담 능력
- 의사소통에 필요한 도구 및 문서작성 능력
- 고객의 의도를 파악하는 능력
- 고객관리차트의 작성 능력
- 피부문제 결함 등의 파악 능력
- 피부관리계획 수립 능력
- 수집된 정보의 분류 능력과 활용관리 능력

직업기초능력

순번	직업기초능력	
	주요영역	하위영역
1	의사소통능력	경청능력, 의사표현능력, 문서작성능력, 문서이해능력, 기초외국어능력
2	수리능력	기초연산능력, 기초통계능력, 도표작성능력
3	문제해결능력	사고력, 문제처리능력
4	자기개발능력	자아인식능력, 자기관리능력, 경력개발능력
5	자원관리능력	물적자원능력, 시간자원관리능력, 예산자원관리능력, 인적자원관리
6	대인관계능력	고객서비스 능력, 팀웍능력, 갈등관리 능력, 리더십능력, 협상능력
7	정보능력	컴퓨터활용능력, 정보처리능력
8	기술능력	기술이해능력, 기술선택능력, 기술적용능력
9	조직이해능력	조직체제이해능력, 업무이해능력
10	직업윤리	근로윤리, 공동체윤리

개발 이력

<table>
<tr><th colspan="2">구 분</th><th>내 용</th></tr>
<tr><td colspan="2">직무명칭</td><td>피부미용</td></tr>
<tr><td colspan="2">분류번호</td><td>1201010201_14v2</td></tr>
<tr><td rowspan="4">개발연도</td><td>현재</td><td>2014년</td></tr>
<tr><td>…</td><td></td></tr>
<tr><td>2차</td><td></td></tr>
<tr><td>최초(1차)</td><td>2011년</td></tr>
<tr><td colspan="2">버전번호</td><td></td></tr>
<tr><td rowspan="4">개 발 자</td><td>현재</td><td>한국피부미용사회중앙회</td></tr>
<tr><td>…</td><td></td></tr>
<tr><td>2차</td><td></td></tr>
<tr><td>최초(1차)</td><td>한국산업인력공단</td></tr>
<tr><td colspan="2">향후 보완 연도(예정)</td><td>2017년~2019년</td></tr>
</table>

2 직무기술서

직무기술서 개요

[개념] 직무기술서는 해당 직무의 목적과 업무의 범위, 주요 책임, 요구받는 역할, 직무 수행 요건 등 직위에 관한 정보를 제시한 문서를 의미

[구성요소]

① 직무, 능력단위분류번호, 능력단위, 직무목적, 직무 책임 및 역할, 직무수행요건으로 구성

② 추가 정보 제공을 위해 개발 날짜, 개발 기관을 추가 제시

구성요소	세부내용
능력단위분류번호	• 전체 직무 구조 관리를 위한 직무 고유의 코드번호
능력단위	• 수행하고자 하는 능력단위의 명칭
직무목적	• 직무를 수행함으로써 이루고자 하는 직무의 목적
개발날짜	• 개발된 년, 월, 일
개발기관	• 직무기술서를 개발한 기관
직무 책임 및 역할	• 직무에 대한 책임 및 역할 영역 분류 및 상세 내용
직무수행요건	• 직무를 수행하기 위하여 개인이 일반적으로 갖추어야 할 사항 – 학력, 자격증, 지식 및 스킬, 사전 직무경험, 직무숙련기간 등

직무 기본 정보

직　　무	피부미용	능력단위분류번호	1201010201_14v2
		능력단위	피부미용 고객 상담
직무 목적	효율적인 피부관리를 위하여 고객의 방문동기를 파악한 후 고객관리차트를 작성하여, 고객의 피부에 영향을 줄 수 있는 인자를 도출하고 고객의 요구 자료를 정보화하여 처리할 수 있다.		
개발 날짜	2014. 11. 12	개발 기관	사)한국피부미용사회중앙회

직무 책임 및 역할

주요업무	책임 및 역할
방문동기 파악하기	• 고객이 관리실을 선택하여 방문한 동기를 파악할 수 있다. • 고객이 상담에 응할 수 있도록 편안한 분위기를 조성할 수 있다. • 고객이 가지고 있는 피부문제 및 관리 목적을 파악할 수 있다. • 고객과 상담자가 생각하는 피부문제가 다른 경우 그 차이를 설명할 수 있다.
고객관리차트 작성하기	• 고객의 개인 신상 · 건강상태 · 방문동기와 방문목적 등을 기록할 수 있다. • 피부의 문제 결함 등을 피부유형식별 기준에 따라 차트에 기록할 수 있다. • 생활환경에 대한 특성과 고객관리차트 작성 결과를 토대로 피부 관리를 계획할 수 있다.
고객응대하기	• 단정한 용모와 친절한 예의로써 고객을 응대할 수 있다. • 고객의 방문목적에 따라 상담실과 작업실을 구분하여 안내할 수 있다. • 고객의 피부관리에 대한 일정관리를 수립할 수 있다.
고객정보 처리하기	• 고객관리차트와 상담에 따른 내용을 분류한다. • 수집된 관련 정보를 분류하여 정리한다. • 분류된 각 정보를 목적에 따라 활용할 수 있도록 한다.

직무수행 요건

구 분	상세내용	
학습경험	• 4년제 대학졸업	(전공 : 피부미용 학과)
	•	(분야 :)
자 격 증	• 미용사(피부) • CIDESCO (국제피부미용위원회) 자격	
지식 · 기술	• 고객응대 서비스능력 • 문서작성에 관한 지식 • 방문자 상담 능력 • 상담, 심리에 관한 지식 • 식품영양에 관한 지식 • 예의와 예절에 관한 지식	• 위생에 관한 지식 • 인체해부생리에 관한 지식 • 진정관리수립능력 • 피부와 관련한 지식 • 피부유형 식별능력
사전직무경험	• 피부미용 특수관리	
직무숙련기간	• 약 2년	

3 채용·배치·승진 체크리스트

채용 · 배치 · 승진 체크리스트 개요

[개념] 근로자를 채용하거나 배치하거나 승진시키기 위하여 각 개인이 해당 직급에서 요구되는 직업능력을 어느 정도 가지고 있는지 확인하기 위한 진단 도구

[구성요소]

① 목적 ② 직급명 ③ 인적사항 ④ 능력구분 ⑤ 평가영역 ⑥ 평가문항 ⑦ 답변기재란 ⑧ 평가결과로 구성

구성요소	세부내용
① 목 적	• 평가를 실시하는 방향이나 이유로 채용, 배치, 승진이 있음
② 직급명	• 해당 조직에서 일의 종류나 난이도, 책임도 등의 유사성을 기준으로 구분한 등급
③ 인적사항	• 평가하고자 하는 예비근로자 및 근로자의 성명, 직위, 성별 등과 같은 개인적 특성
④ 능력구분	• 평가하고자 하는 직급에서 요구되는 직업능력의 구분(직업기초능력, 직무수행능력)
⑤ 평가영역	• 직업기초능력과 직무수행능력의 하위영역
⑥ 평가문항	• 예비근로자 및 근로자의 지식이나 활동을 측정하기 위한 측정가능하고 구체적인 문장
⑦ 답변기재란	• 평가자가 평가문항을 읽고 평가대상자의 행동과 일치하는 정도에 직접 표기하는 부분
⑧ 평가결과	• 기재한 답변을 합산하여 점수를 산출하고 해석

채용 · 배치 · 승진 체크리스트

목적 : □ 채용 : □ 배치 : □ 승진 : □	부원장

이　　름 :
직　　위 :
성　　별 :
특이사항 :

[직업기초능력]

평가 영역	평가문항	매우 미흡	미흡	보통	우수	매우 우수
의사소통 능력	직장생활에서 필요한 문서를 확인하고, 읽고, 내용을 이해하여 업무 수행에 필요한 요점을 파악하는 능력을 기를 수 있다.	①	②	③	④	⑤
	직장생활에서 목적과 상황에 적합한 아이디어와 정보를 전달할 수 있는 문서를 작성할 수 있다.	①	②	③	④	⑤
	다른 사람의 말을 주의 깊게 듣고 적절하게 반응할 수 있다.	①	②	③	④	⑤
	목적과 상황에 맞는 말과 비언어적 행동을 통해 아이디어와 정보를 찾고, 이를 효과적으로 전달할 수 있다.	①	②	③	④	⑤
	외국어로 된 간단한 자료를 이해하거나, 간단한 외국인의 의사표현을 이해하고, 자신의 업무와 관련하여 필요한 기초외국어능력을 기를 수 있다.	①	②	③	④	⑤
수리능력	직장생활에서 필요한 기초적인 사칙연산과 계산방법을 이해하고 활용하는 능력을 기를 수 있다.	①	②	③	④	⑤
	직장생활에서 평균, 합계, 빈도와 같은 기초적인 통계기법을 활용하여 자료의 특성과 경향성을 파악하는 능력을 기를 수 있다.	①	②	③	④	⑤
	직장생활에서 도표(그림, 표, 그래프 등)를 이용하여 결과를 효과적으로 제시하는 능력을 기를 수 있다.	①	②	③	④	⑤
문제해결 능력	직장생활에서 발생한 문제를 해결하기 위해서 창의적, 논리적, 비판적으로 생각할 수 있다.	①	②	③	④	⑤
	직장생활에서 발생한 문제를 올바르게 인식하고 적절한 해결책을 적용하여 해결할 수 있다.	①	②	③	④	⑤

(계속)

평가 영역	평가문항	매우 미흡	미흡	보통	우수	매우 우수
자기개발 능력	직장생활에서 다양한 방법으로 자신의 장단점, 흥미, 적성 등을 분석하여 자신의 가치를 설명할 수 있다.	①	②	③	④	⑤
	직장생활에서 직업인으로서 자신의 역할과 목표를 정립하고, 이를 위하여 자신의 행동과 업무수행을 관리하고 통제할 수 있다.	①	②	③	④	⑤
	직업인으로서 자신의 경력단계를 이해하고 이에 적절한 경력개발 계획을 수립할 수 있다.	①	②	③	④	⑤
자원관리 능력	직장생활에서 필요한 시간을 확인하고, 확보하여 업무 수행에 이를 할당할 수 있다.	①	②	③	④	⑤
	직장생활에서 필요한 예산을 확인하고, 확보하여 업무 수행에 이를 할당하는 능력을 기를 수 있다.	①	②	③	④	⑤
	직장생활에서 필요한 물적자원을 확인하고, 확보하여 업무 수행에 이를 할당할 수 있다.	①	②	③	④	⑤
	직장생활에서 필요한 인적자원을 확인하고, 확보하여 업무 수행에 이를 할당하는 능력을 기를 수 있다.	①	②	③	④	⑤
대인관계 능력	직장생활에서 다른 구성원들과 목표를 공유하고 원만한 관계를 유지하며, 자신의 역할을 이해하고 책임감있게 업무를 수행할 수 있다.	①	②	③	④	⑤
	직장생활 중 조직구성원들의 업무향상에 도움을 주며 동기화시킬 수 있고, 조직의 목표 및 비전을 제시할 수 있다.	①	②	③	④	⑤
	직장생활에서 조직구성원 사이에 갈등이 발생하였을 경우 이를 원만히 조절할 수 있다.	①	②	③	④	⑤
	직장생활에서 협상 가능한 목표를 세우고 상황에 맞는 협상전략을 선택하여 다른 사람과 협상하는 능력을 기를 수 있다.	①	②	③	④	⑤
	고객서비스에 대한 이해를 바탕으로 실제 현장에서 다양한 고객에 대처할 수 있으며, 고객만족을 이끌어 낼 수 있는 능력을 기를 수 있다.	①	②	③	④	⑤
정보능력	직장생활에서 컴퓨터 관련이론을 이해하여 업무수행을 위해 인터넷과 소프트웨어를 활용할 수 있다.	①	②	③	④	⑤
	직장생활에서 필요한 정보를 찾아내고, 업무수행에 적합하게 조직·관리하여 활용할 수 있다.	①	②	③	④	⑤

(계속)

<table>
<tr><th>평가
영역</th><th>평가문항</th><th>매우
미흡</th><th>미흡</th><th>보통</th><th>우수</th><th>매우
우수</th></tr>
<tr><td rowspan="3">기술능력</td><td>기본적인 직장생활에 필요한 기술의 원리 및 절차를 이해하는 능력을 기를 수 있다.</td><td>①</td><td>②</td><td>③</td><td>④</td><td>⑤</td></tr>
<tr><td>기본적인 직장생활에 필요한 기술을 선택할 수 있다.</td><td>①</td><td>②</td><td>③</td><td>④</td><td>⑤</td></tr>
<tr><td>기본적인 직장생활에 필요한 기술을 실제로 적용하고 결과를 확인할 수 있다.</td><td>①</td><td>②</td><td>③</td><td>④</td><td>⑤</td></tr>
<tr><td rowspan="2">조직이해
능력</td><td>직장생활에서 직업인으로서 자신이 속한 조직의 구조와 목적, 문화, 규칙 등과 같은 조직체제를 파악하는 능력을 기를 수 있다.</td><td>①</td><td>②</td><td>③</td><td>④</td><td>⑤</td></tr>
<tr><td>직장생활에서 직업인으로서 자신에게 주어진 업무의 성격과 내용을 알고 업무처리절차에 따라 효과적으로 업무를 수행할 수 있다.</td><td>①</td><td>②</td><td>③</td><td>④</td><td>⑤</td></tr>
<tr><td rowspan="2">직업윤리</td><td>직업윤리를 실천하기 위하여 근면하고 정직하며 성실하게 업무에 임하는 자세를 배양할 수 있다.</td><td>①</td><td>②</td><td>③</td><td>④</td><td>⑤</td></tr>
<tr><td>직업윤리를 실천하기 위하여 봉사하며, 책임감 있고, 규칙을 준수하고, 예의바른 태도로 업무에 임하는 자세를 배양할 수 있다.</td><td>①</td><td>②</td><td>③</td><td>④</td><td>⑤</td></tr>
</table>

[직무수행능력]

평가 영역	평가문항		매우 미흡	미흡	보통	우수	매우 우수
피부 미용 고객 상담	방문동기 파악하기	고객이 상담에 응할 수 있도록 편안한 분위기를 조성을 할 수 있다.	①	②	③	④	⑤
		고객이 관리실을 선택하여 방문한 동기를 파악할 수 있다.	①	②	③	④	⑤
		고객이 가지고 있는 피부문제 및 관리 목적을 파악할 수 있다.	①	②	③	④	⑤
		고객과 상담자가 생각하는 피부문제가 다른 경우 그 차이를 설명할 수 있다.	①	②	③	④	⑤
	고객관리 차트 작성하기	피부의 문제 결함 등을 피부유형식별 기준에 따라 차트에 기록할 수 있다.	①	②	③	④	⑤
		고객의 개인 신상 · 건강상태 · 방문동기와 방문목적 등을 기록할 수 있다.	①	②	③	④	⑤
		생활환경에 대한 특성과 고객관리차트 작성결과를 토대로 피부 관리를 계획할 수 있다.	①	②	③	④	⑤
	고객 응대하기	단정한 용모와 친절한 예의로써 고객을 응대할 수 있다.	①	②	③	④	⑤
		고객의 방문목적에 따라 상담실과 작업실을 구분하여 안내할 수 있다.	①	②	③	④	⑤
		고객의 피부관리에 대한 일정관리를 수립할 수 있다.	①	②	③	④	⑤
	고객정보 처리하기	고객관리차트와 상담에 따른 내용을 분류한다.	①	②	③	④	⑤
		수집된 관련 정보를 분류하여 정리한다.	①	②	③	④	⑤
		분류된 각 정보를 목적에 따라 활용할 수 있도록 한다.	①	②	③	④	⑤

[평가결과]

영 역	점 수
직업기초능력	영역별 점수 합산
직무수행능력	영역별 점수 합산
합 계	점수 합계

4 자가진단도구

자가진단도구 개요

[개념] 업무를 성공적으로 수행하는데 요구되는 능력과 근로자 자신의 보유 능력을 비교·점검해 볼 수 있는 도구

[구성요소]

① 번호체계 ② 진단항목 ③ 지시문 ④ 진단영역 ⑤ 진단문항
⑥ 답변기재란 ⑦ 진단결과로 구성

구성요소	세부내용
① 번호체계	• 직업능력 자가진단도구를 분류하기 위하여 직업능력별로 부여된 번호
② 진단항목	• 진단하고자 하는 직업능력명
③ 지시문	• 진단문항을 읽고 답변을 기재하는 방법에 대한 안내문
④ 진단영역	• 진단하고자 하는 직업능력을 구성하는 하위영역과 세부영역
⑤ 진단문항	• 근로자(응답자)의 지식이나 활동을 측정하기 위한 측정가능하고 구체적인 문장
⑥ 답변기재란	• 근로자(응답자)가 진단문항을 읽고 자신의 상황이나 생각과 일치하는 정도에 직접 표기하는 부분
⑦ 진단결과	• 기재한 답변을 합산하여 점수를 산출하고 해석

진단 영역	진단문항	매우 미흡	미흡	보통	우수	매우 우수
방문동기 파악하기	1. 나는 고객이 관리실을 선택하여 방문한 동기를 파악할 수 있다.	①	②	③	④	⑤
	2. 나는 고객이 상담에 응할 수 있도록 편안한 분위기를 조성할 수 있다.	①	②	③	④	⑤
	3. 나는 고객이 가지고 있는 피부문제 및 관리 목적을 파악할 수 있다.	①	②	③	④	⑤
	4. 나는 고객과 상담자가 생각하는 피부문제가 다른 경우 그 차이를 설명할 수 있다.	①	②	③	④	⑤
고객관리 차트 작성하기	1. 나는 고객의 개인 신상 · 건강상태 · 방문동기와 방문목적 등을 기록할 수 있다.	①	②	③	④	⑤
	2. 나는 피부의 문제 결함 등을 피부유형식별 기준에 따라 차트에 기록할 수 있다.	①	②	③	④	⑤
	3. 나는 생활환경에 대한 특성과 고객관리차트 작성 결과를 토대로 피부 관리를 계획할 수 있다.	①	②	③	④	⑤
고객 응대하기	1. 나는 단정한 용모와 친절한 예의로써 고객을 응대할 수 있다.	①	②	③	④	⑤
	2. 나는 고객의 방문목적에 따라 상담실과 작업실을 구분하여 안내할 수 있다.	①	②	③	④	⑤
	3. 나는 고객의 피부관리에 대한 일정관리를 수립할 수 있다.	①	②	③	④	⑤
고객정보 처리하기	1. 나는 고객관리차트와 상담에 따른 내용을 분류한다.	①	②	③	④	⑤
	2. 나는 수집된 관련 정보를 분류하여 정리한다.	①	②	③	④	⑤
	3. 나는 분류된 각 정보를 목적에 따라 활용할 수 있도록 한다.	①	②	③	④	⑤

[진단결과]

진단영역	문항 수	점수	점수 ÷ 문항 수
방문동기 파악하기	4		
고객관리차트 작성하기	3		
고객응대하기	3		
고객정보처리하기	3		
합계	**13**		

※ 자신의 점수를 문항 수로 나눈 값이 "3점" 이하에 해당하는 영역은 업무를 성공적으로 수행하는데 요구는 능력이 부족한 것으로 교육훈련이나 개인학습을 통한 개발이 필요함.

5 훈련기준

개발목적

① 체계적이고 효과적인 직업능력개발을 위하여 훈련의 대상이 되는 직종별로 훈련의 목표, 교과내용 및 시설·장비와 교사 등에 관한 훈련기준 개발(근로자 직업능력개발법 제38조)

② **내용구성** : 훈련의 목표, 교과목 및 그 내용, 시설 및 장비, 훈련기간 및 훈련시간, 훈련방법, 훈련교사, 적용기간

활용대상

① 「근로자 직업능력개발법」에 따른 직업능력개발 훈련

② 기타 직업교육훈련

활용(예시)

- 국가직무능력표준에 따라 제시한 능력단위별 훈련기준을 조합하여 훈련기준으로 활용

〈방법 1〉 훈련이수체계도에서 제시한 훈련과정/과목으로 편성

〈자동차차체정비 훈련 예시〉

훈련수준	훈련모음		구분
	표준 직무	명칭	
1수준(정비사)	자동차차체정비	단품교환	
		방음방청작업	

〈방법 2〉 훈련이수체계도에서 제시한 훈련과정/과목(필수)과 다른 직종의 훈련과정/과목(선택)으로 편성

자격종목	훈련모음		구분
	표준 직무	명칭	
1수준(정비사)	자동차차체정비	단품교환	필수
		방음방청작업	
	자동차도장	건조작업	선택
		구도막제거작업	

훈련기준

I 개 요

1. 직 종 명 : 피부미용

2. 직종 정의 : 피부미용은 고객의 상담과 피부분석을 통하여 안정감 있고 위생적인 환경에서 얼굴이나 전신의 피부를 미용기기와 화장품을 이용하여 서비스를 제공하고 피부미용에 대한 업무수행을 기획, 관리하는 업무에 종사

3. 훈련이수체계 (수준별 이수 과정/과목)

7수준	원 장	피부미용 숍 경영관리
6수준	부원장	피부미용 고객상담
5수준	실 장	피부미용 특수관리
4수준	팀 장	피부미용 피부분석
		피부미용 고객마무리관리
		피부미용 기기활용
3수준	관리사	얼굴관리
		전신관리
		피부미용 기구활용
2수준	인 턴	피부미용 화장품사용
		피부미용 위생관리
–		직업기초능력
수준 직종		피부미용

※ 해당직종(음영)의 훈련과정을 편성하는 경우 훈련과정별 목표에 부합한 수준으로 해당 직종에서 제시한 능력단위를 기준으로 과정/과목을 편성하고, 이외 직종의 능력단위를 훈련과정에 추가 편성하려는 경우 유사 직종의 동일 수준의 능력단위를 추가할 수 있음

4. 훈련시설

시설명 \ 훈련인원	기준 인원	면적	기준인원 초과 시 면적 적용	시 설 활용구분(공용/전용)
강의실	30명	60m²	1명당 1.2m²씩 추가	공 용
컴퓨터실	30명	60m²	1명당 2.0m²씩 추가	해당 없음
피부미용 실습실	30명	250m²	1명당 3.3m²씩 추가	전 용
공구재료실	30m², 60명을 초과 시 10m²만 추가			전 용

※ 훈련시설은 훈련과정/과목에 필요한 시설을 구축

5. 교 사

「근로자직업능력 개발법」 제33조와 관련 규정에 따름

II 훈련과정

1. 과정/과목명 : 직업기초능력

2. 훈련개요

훈련목표	진단하고자 하는 직업능력명
수 준	-
최소훈련시간	장기훈련과정 편성 시 전체 훈련시간의 10% 이하로 자율편성
훈련시설	강의실 또는 실습실
권장훈련방법	집체 또는 원격훈련

3. 관심내용

단 원 명	학 습 내 용
의사소통능력	• 업무를 수행함에 있어 글과 말을 읽고 들음으로써 다른 사람이 뜻한 바를 파악하고, 자기가 뜻한 바를 글과 말을 통해 정확하게 쓰거나 말하는 능력 함양
수리능력	• 업무를 수행함에 있어 사칙연산, 통계, 확률의 의미를 정확하게 이해하고 이를 업무에 적용하는 능력 함양
문제해결능력	• 업무를 수행함에 있어 문제 상황이 발생하였을 경우, 창조적이고 논리적인 사고를 통하여 이를 올바르게 인식하고 적절히 해결하는 능력 함양
자기개발능력	• 업무를 추진하는 데 스스로를 관리하고 개발하는 능력 함양
자원관리능력	• 업무를 수행하는 데 시간, 자본, 재료 및 시설, 인적자원 등의 자원 가운데 무엇이 얼마나 필요한지를 확인하고, 이용 가능한 자원을 최대한 수집하여 실제 업무에 어떻게 활용할 것인지를 계획하고, 계획대로 업무 수행에 이를 할당하는 능력
대인관계능력	• 업무를 수행하는 데 있어 접촉하게 되는 사람들과 문제를 일으키지 않고 원만하게 지내는 능력
정보능력	• 업무와 관련된 정보를 수집하고, 이를 분석하여 의미 있는 정보를 찾아내며, 의미 있는 정보를 업무수행에 적절하도록 조직하고, 조직된 정보를 관리하며, 업무 수행에 이러한 정보를 활용하고, 이러한 제 과정에 컴퓨터를 사용하는 능력 함양
기술능력	• 업무를 수행함에 있어 도구, 장치 등을 포함하여 필요한 기술에는 어떠한 것들이 있는지 이해하고, 실제로 업무를 수행함에 있어 적절한 기술을 선택하여, 적용하는 능력 함양
조직이해능력	• 업무를 원활하게 수행하기 위해 국제적인 추세를 포함하여 조직의 체제와 경영에 대해 이해하는 능력 함양
직업윤리	• 업무를 수행함에 있어 원만한 직업생활을 위해 필요한 태도, 매너, 올바른 직업관 함양

• 과정/과목명 : 1201010201_14v2 피부미용 고객 상담

1. 훈련개요

훈련목표	효율적인 피부관리를 위하여 고객의 방문동기를 파악한 후 고객관리차트를 작성하여, 고객의 피부에 영향을 줄 수 있는 인자를 도출하고 고객의 요구 자료를 정보화하여 처리하는 능력이다.
수　준	6수준
최소훈련시간	30시간
훈련시설	강의실
권장훈련방법	집체훈련

2. 관심내용

단 원 명 (능력단위 요소명)	훈 련 내 용 (수행준거)	평가 시 고려사항
방문동기 파악하기	1.1 고객이 관리실을 선택하여 방문한 동기를 파악할 수 있다. 1.2 고객이 상담에 응할 수 있도록 편안한 분위기를 조성할 수 있다. 1.3 고객이 가지고 있는 피부문제 및 관리 목적을 파악할 수 있다. 1.4 고객과 상담자가 생각하는 피부문제가 다른 경우 그 차이를 설명할 수 있다.	• 평가자는 다음의 사항을 평가해야 한다. – 고객상담능력 – 의사소통에 필요한 도구 및 문서 작성능력 – 고객의 의도를 파악하는 능력 – 고객관리차트의 작성 능력 – 피부문제 결함 등의 파악능력 – 피부관리계획 수립 능력 – 수집된 정보의 분류 능력과 활용관리 능력
고객관리 차트 작성하기	2.1 고객의 개인 신상 · 건강상태 · 방문동기와 방문목적 등을 기록할 수 있다. 2.2 피부의 문제 결함 등을 피부유형식별 기준에 따라 차트에 기록할 수 있다. 2.3 생활환경에 대한 특성과 고객관리차트 작성 결과를 토대로 피부 관리를 계획할 수 있다.	
고객 응대하기	3.1 단정한 용모와 친절한 예의로써 고객을 응대할 수 있다. 3.2 고객의 방문목적에 따라 상담실과 작업실을 구분하여 안내할수 있다. 3.3 고객의 피부관리에 대한 일정관리를 수립할 수 있다.	
고객정보 처리하기	4.1 고객관리차트와 상담에 따른 내용을 분류한다. 4.2 수집된 관련 정보를 분류하여 정리한다. 4.3 분류된 각 정보를 목적에 따라 활용할 수 있도록 한다.	

3. 지식·기술·태도

구　분	주요내용
지　식	① 개인정보보호법 ② 문서작성에 관한 지식 ③ 상담대화에 관한 지식 ④ 상담 · 심리에 관한 지식 ⑤ 식품영양에 관한 지식 ⑥ 예의와 예절에 관한 지식 ⑦ 위생에 관한 지식 ⑧ 이벤트 기획에 관한 지식 ⑨ 인체해부생리에 관한 지식 ⑩ 컴퓨터 활용에 관한 지식 ⑪ 패키지 활용에 관한 지식 ⑫ 피부관리에 관한 지식 ⑬ 피부유형 식별에 관한 지식
기　술	① 고객응대 서비스능력 ② 고객의 생활환경 파악능력 ③ 방문자 상담 능력 ④ 이전 피부관리를 알아내는 능력 ⑤ 피부유형 식별능력 ⑥고객심리파악 능력
태　도	① 객관적 태도 ② 고객 신상정보 보호하려는 의지 ③ 고객에게 신뢰감을 주려고 하는 태도 ④ 고객의 말을 들어주려는 의지 ⑤ 고객의 심리를 파악하려는 의지 ⑥ 고객을 편하게 응대하려는 의지 ⑦ 고객이 편하고 안정적인 분위기 조성 의지 ⑧ 대화를 소통하려는 의지 ⑨ 상대의 의사를 인정하려는 의지 ⑩ 정확성을 기하는 태도 ⑪ 친절한 서비스를 제공하려는 의지 ⑫ 쾌적한 작업장 환경을 만들려는 의지

4. 장비

장 비 명	단 위	활용구분(공용/전용)
• 컴퓨터	대	공용
• 소프트웨어	식	공용
• 빔프로젝트	대	공용
• 복사기	대	공용

5. 재료

재 료 목 록
• 고객상담차트

※ 재료는 주재료만 제시한 것으로 그 외의 재료는 별도로 확보

6 출제기준

개발목적

① 각종 자격의 시험문제 작성시 활용하는 기준을 국가직무능력표준에 따라 제시하기 위하여 출제기준(시안) 개발

② 출제기준(시안) : 출제기준의 경우에는 이를 확정하는 절차를 법령으로 정하여 운영함에 따라 확정된 "출제기준"과 국가직무능력표준을 근거로 마련된 출제기준을 구분하기 위하여 "출제기준(시안)" 용어 사용

활용대상

① 국가기술자격법에 따른 국가기술자격

② 개별법령에 따른 국가전문자격

③ 자격기본법에 따른 공인민간자격, 민간자격

④ 고용보험법에 따른 사업내 자격

활용(예시)

① 자격 및 자격취득자 특성에 따라 능력단위별 출제기준(시안)을 조합하여 출제기준으로 활용

〈방법〉 국가직무능력표준 개발 시 관련자격 개선 의견(예시)로 제시된 내용을 그대로 활용

<table>
<tr><th rowspan="2">자격종목</th><th colspan="2">능력단위</th><th rowspan="2">수 준</th></tr>
<tr><th>분류번호</th><th>명 칭</th></tr>
<tr><td rowspan="3">궤도기능사(가칭)</td><td>14220603_12v1</td><td>궤도부설</td><td>5</td></tr>
<tr><td>14220602_12v1</td><td>레일용접</td><td>4</td></tr>
<tr><td>14220605_12v1</td><td>부대공사</td><td>3</td></tr>
</table>

출제기준(시안)

I 자격개요

1. 자격 정의

<table>
<tr><th>대분류</th><th>12.
이용 · 숙박
· 여행 · 오락
· 스포츠</th><th>중분류</th><th>01.
이 · 미용</th><th>소분류</th><th>01.
이 · 미용
서비스</th></tr>
<tr><td colspan="2">자격종목명</td><td colspan="2">미용사(피부)</td><td>분류번호</td><td>12010102</td></tr>
<tr><td colspan="2">자격종목정의</td><td colspan="4">피부미용은 고객의 상담과 피부분석을 통하여 안정감 있고 위생적인 환경에서 얼굴이나 전신의 피부를 미용기기와 화장품을 이용하여 서비스를 제공하고 피부미용에 대한 업무수행을 기획, 관리하는 능력이다.</td></tr>
</table>

Ⅱ 능력단위별 출제기준(시안)

<table>
<tr><td>능력단위</td><td>피부미용 고객 상담</td><td rowspan="2">능력단위 수준</td><td rowspan="2">6수준</td></tr>
<tr><td>부류번호</td><td>1201010201_14v2</td></tr>
<tr><td>능력단위정의</td><td colspan="3">효율적인 피부관리를 위하여 고객의 방문동기를 파악한 후 고객관리차트를 작성하여, 고객의 피부에 영향을 줄 수 있는 인자를 도출하고 고객의 요구자료를 정보화하여 처리하는 능력이다.</td></tr>
<tr><td rowspan="2">평가방법</td><td>지필평가: 복합형</td><td>시 간</td><td>30분</td></tr>
<tr><td>실무평가: 수행평가, 포트폴리오</td><td>시 간</td><td>60분</td></tr>
</table>

<table>
<tr><td rowspan="5">평가
내용</td><td>능력단위 요소
(세부항목)</td><td>수행준거
(세세항목)</td></tr>
<tr><td>1201010201_14v2.1
방문동기 파악하기</td><td>1.1 고객이 관리실을 선택하여 방문한 동기를 파악할 수 있다.
1.2 고객이 상담에 응할 수 있도록 편안한 분위기를 조성 할 수 있다.
1.3 고객이 가지고 있는 피부문제 및 관리 목적을 파악할 수 있다.
1.4 고객과 상담자가 생각하는 피부문제가 다른 경우 그 차이를 설명할 수 있다.</td></tr>
<tr><td>1201010201_14v2.2
고객관리차트 작성하기</td><td>2.1 고객의 개인 신상 · 건강상태 · 방문동기와 방문목적 등을 기록할 수 있다.
2.2 피부의 문제 결함 등을 피부유형식별 기준에 따라 차트에 기록할 수 있다.
2.3 생활환경에 대한 특성과 고객관리차트 작성 결과를 토대로 피부 관리를 계획할 수 있다.</td></tr>
<tr><td>1201010201_14v2.3
고객응대하기</td><td>3.1 단정한 용모와 친절한 예의로써 고객을 응대할 수 있다.
3.2 고객의 방문목적에 따라 상담실과 작업실을 구분하여 안내할 수 있다.
3.3 고객의 피부관리에 대한 일정관리를 수립할 수 있다.</td></tr>
<tr><td>1201010201_14v2.4
고객정보 처리하기</td><td>4.1 고객관리차트와 상담에 따른 내용을 분류한다.
4.2 수집된 관련 정보를 분류하여 정리한다.
4.3 분류된 각 정보를 목적에 따라 활용할 수 있도록 한다.</td></tr>
<tr><td>관련
지식</td><td>• 개인정보보호법에 관한 지식
• 문서작성에 관한 지식
• 상담, 심리에 관한 지식
• 상담대화에 관한 지식
• 식품영양에 관한 지식
• 예의와 예절에 관한 지식
• 위생에 관한 지식</td><td>• 이벤트 기획에 관한 지식
• 인체해부생리에 관한 지식
• 패키지 활용에 관한 지식
• 피부관리에 관한 지식
• 피부와 관련한 지식
• 피부유형 식별에 관한 지식</td></tr>
<tr><td>평가
시설 ·
장비</td><td>• 계산기
• 문서작성 도구
• 사무용 기기</td><td>• 응접 책상 및 의자
• 전화 및 팩스
• 컴퓨터와 주변기기</td></tr>
</table>

찾아보기

ㄱ

가망고객 12
가습기 114
간접고객 13
거즈 111
건성 피부 49
검은색 여드름 58
견진 75
결절(nodule) 59
경쟁자 13
고객 상담 20
고주파 114
과색소 침착 59
관리실 103
구매 승인자 12
구매 영향자 12
구매자 12
구진(papule) 58
긍정적 화법 41
기대 불일치 이론 18
기미(melasma) 60
기존고객 12

ㄴ

낭포(cyst) 59
내부고객 12
내부고객 13
냉습포 111
농포(pustule) 58
뇌하수체 60

ㄷ

단골고객 13
독점 심리 22
디지털 피부분석기 77

ㅁ

멜라닌 색소 61
면봉 111
면포 58
모방 심리 22
묵살법 42
문진 73
미소 118, 123
미용솜 111
믹싱 고무볼 111
민감성 피부 53

ㅂ

반대형 13
보상 심리 22
복합성 피부 52
부정적 화법 41
불만고객 43
비염증성 58

ㅅ

사실확인법 41
색소침착 피부 59
샤워실 107
스마일(Smile) 33
스마트(Smart) 32
스티머 114
스파튤라 111
스피드(Speed) 32
시선 처리 123
신규고객 12
신뢰화법 26
실제적 욕구 31

ㅇ

여드름 피부 54
염증성 58
예화법 42
온습포 111
옹호고객 13
왜건(Wagon) 110
외부고객 12
우드램프 76

우월 심리 22
우호형 12
유도법 42
의견선도고객 13
의견청취법 41
의사결정고객 13
인사 124

ㅈ

자기본위 심리 23
자료 활용법 42
자외선 60
자외선 소독기 114
잠재고객 12
저색소 침착 59
적외선기 114
정상 피부 48
존중기대 심리 23
주관적 욕구 31
주근깨 61
중간고객 12
중립형 13
증류수 111
지성 피부 51
직접고객 13
진열장 104
질문법 41

ㅊ

첫인상 27
체리피커 13
촉진 76
충성고객 12

ㅋ

카운터 103
쿠션화법 26

ㅌ

탈의실 107
탕비실 104
티슈 111

ㅍ

판단요구법 41
팩 브러시 111
표정 이미지 28

ㅎ

해면 111
해면볼 111
화장실 105
화제 전환법 42
확대경 76
환영기대 심리 21
황체호르몬 60
흰색 여드름 58

참고문헌

- 강수경 외, “살롱에스테틱”, 청구문화사, 2008
- 강희선, “고객만족 요럴 땐 요렇게:행복한 고객을 만드는 서비스 비법”, 영진미디어, 2006
- 고재숙 외, “피부과학”, 수문사, 2000
- 구자룡, “지금 당장 마케팅 공부하라”, 지음한빛비즈, 2012
- 권혜영 외, “기초 에스테틱”, 메디시언, 2013
- 금한나, “이미지와 국제매너”, 한올출판사, 2003
- 김계현 외, “상담학개론”, 학지사, 2011
- 김광옥 외, “Aesthetics", 성화, 2003
- 김기갑 외, “피부미용학”, 형설출판사, 2005
- 김명숙, “피부관리학”, 현문사, 2001
- 김미경, “성공과 실패에서 배우는 여성 마케팅”, 위즈덤하우스, 2005
- 김민정 외, “미용학개론”, 백산출판사, 2005
- 김봉인 외, “뉴 피부과학”, 메디시언, 2012
- 김봉인 외, “피부관리”, 교육인적자원부, 2002
- 김봉인 외, “에스테틱 얼굴편”, 뷰티누리, 2011
- 김봉인 외, “NEW 미용기기학”, 메디시언, 2014
- 김선영, “메디컬 스킨케어 임상실무”, 정담미디어, 2014
- 김이태, “고객커뮤니케이션 관리”, 도서출판 청람, 2013
- 김이태, “CRM 고객관계관리”, 도서출판 대경, 2005
- 김춘자, “공중위생관리학”, 메디시언, 2003

• 김해남, "기초피부미용학", 정담미디어, 2013
• 김현주 외, "피부관리실 살롱 트리트먼트", 정담, 2000
• 김형연, "고객관계관리원론", 교우사, 2010
• 김환, "고객상담과 심리상담의 길잡이", 교문사, 2013
• 다카히라 아이 지음, 박진배 옮김, "매출을 100배 높이는 실전 마케팅", 경성라인, 2003
• 박병철, "시장의 흐름을 주도하는 트렌드 읽는 법", 원앤원북스, 2013
• 박성희, "상담연구방법론", 학지사, 2004
• 박시범 외, "서비스 매너, 미래 서비스 아카데미", 새로미, 2006
• 오성환 외, "직장예절", 형설출판사, 1998
• 윤세남 외, "국가공인 ASMAT 서비스경영자격", 도서출판 박문각, 2015
• 윤천성 외, "미용상담심리론", 훈민사, 2005
• 윤천성 외, "뷰티산업과 살롱경영", 훈민사, 2004
• 이동희, "매너와 이미지메이킹", 형설출판사, 2014
• 이범식 외, "실전 뷰티 경영학", 구민사, 2013
• 이숙연 외, "미용서비스론", 청구문화사, 2008
• 이승훈, "블랙 컨슈머", 도서출판 북스페이스, 2011
• 이연희 외, "안면피부관리", 광문각, 2008
• 이정옥 외, "메디컬 스킨케어", 훈민사, 2005
• 이창호, "상담심리학", 박영사, 2011
• 임종만 외, "고객 만족을 위한 서비스 경영론", 무역경영사, 2003

- 임혜경 외, “병원 서비스 코디네이터 길라잡이”, 새로운 사람들, 2004
- 정미영 외, “뷰티살롱경영과 서비스테크닉”, 청람, 2004
- 진종언 외, “화장품학”, 정담미디어, 2006
- 최경임 외, “에스테틱 살롱트리트먼트”, 도서출판 성화, 2011
- 클라우디아 마스트 외 지음, 진정근 옮김, “고객커뮤니케이션”, 커뮤니케이션북스, 2014
- Janet Simms 외, “Beauty Therapy Level 2”, Nelson Thomes, 2003
- Janet D'Angelo 외, “Milady's Standard”, Thomson Delnar Learning, 2003
- CS 리더스 자격연구회 공저, “국가공인 CS Leaders(관리사) 자격증 수험서”, 한국 CS 표준교육센터, 2011
- 보건복지부, “요양보호사 표준교재”, 2009

NCS 적용교육!!

피부미용 고객상담

2015년 9월 1일 초판 인쇄
2015년 9월 10일 초판 발행

저 자 이병철·김현숙·김진주·박선희·이수경
강근영·김경미·김문주·김봉인·김선희
김수미·김은희·박정원·심선녀·양현옥
조희진·최경임

발행인 주 병 오

발행처 메디시인

경기도 파주시 회동길 209
파주출판문화정보산업단지

영업팀 (031)955－7566 · 7577
편집디자인팀 (031)955－7731
F A X (031)955－7730
홈페이지 www.ji-gu.co.kr
이메일 jigupub@hanmail.net

ISBN 979-11-86739-00-6 값 20,000원